Gerd Fischer

Mathematische Modelle

Mathematical Models

Mathematische Modelle

Aus den Sammlungen
von Universitäten und Museen

Herausgegeben von Gerd Fischer

Mit 132 Fotografien

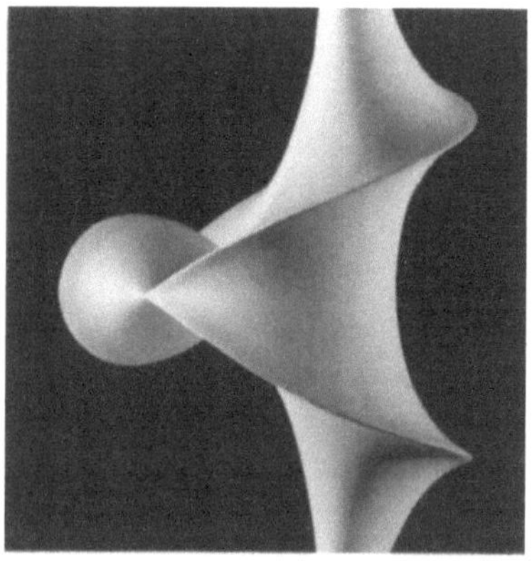

Mathematical Models

From the Collections
of Universities and Museums

Edited by Gerd Fischer

With 132 Photographs

Akademie-Verlag Berlin

1986

Erschienen im Akademie-Verlag Berlin, DDR-1086 Berlin, Leipziger Straße 3–4

Lizenznummer: 202 · 100/533/86
Bestellnummer: 763 637 2 (6973)

Fotografie / Photography: Gerd Fischer, Düsseldorf
Lithographie / Lithography: Artilitho, Trento/Italien
Satz / Typesetting: Vieweg, Braunschweig und Satz Ewert, Braunschweig
Druck / Printing: Lengericher Handelsdruckerei, Lengerich
Buchbinder / Binding: Walter Langelüddecke, Braunschweig
Printed in Germany

Bildband und Kommentarband

Vorwort

In jedem mathematischen Institut stehen irgendwo Schränke oder Vitrinen mit Modellen verschiedenster Art. In letzter Zeit ist wieder ein wachsendes Interesse daran zu erkennen, obwohl der Zustand der sehr alten Modelle oft beklagenswert ist. Die umfassendste Sammlung findet man im mathematischen Institut der Universität Göttingen. In dem 1929 vollendeten Gebäude stehen im Foyer und in den Gängen über 60 Vitrinen, der zugehörige Katalog umfaßt etwa tausend Nummern. Die Einrichtung der Göttinger Sammlung lag am Ende der großen Zeit des mathematischen Modellbaus, die um 1870 begonnen hatte.

Der erste markante Hinweis ist in den „*Monatsberichten der Königlich Preußischen Akademie der Wissenschaften zu Berlin*" aus dem Jahre 1863, p. 539 zu finden: „*Bei Gelegenheit dieser Mittheilung legte Herr Kummer ein von ihm angefertigtes Gipsmodell der Steiner'schen Fläche vor.*" Weitere Berichte über vorgelegte und erläuterte Modelle von Flächen vierter Ordnung durch Eduard Kummer, Professor in Berlin, folgen in den Jahren 1866 und 1872. Die Fotos 40 bis 47 zeigen Abgüsse der damals von Kummer vorgelegten Originale. Diese erste Serie war gleich ein Höhepunkt. Der Bau dieser Modelle war einhergegangen mit der Arbeit an der vordersten Front der Forschung auf dem Gebiet der algebraischen Flächen.

In den siebziger Jahren des letzten Jahrhunderts begann dann eine umfangreiche Produktion von Modellen. „*Bei Gelegenheit der Übungen, welche im mathematischen Institut der kgl. technischen Hochschule in München von den Herren Prof. Brill und Klein geleitet wurden, wurde als Zweck der auszuführenden Untersuchung wohl die Herstellung eines Modells oder einer Zeichnung ins Auge gefaßt. Einige der so als Übungsbeispiele entstandenen Modelle erwiesen sich, mit Rücksicht darauf, daß an derartigen Anschauungsmitteln kein Überfluß ist, als vervielfältigungswert, ...*"*

Nach einigen Kartonmodellen begann der Bau von Gipsmodellen. Die Originale wurden mit einer speziellen Modelliermasse geformt, davon konnten Gipsabgüsse in beliebiger Anzahl hergestellt werden. Das einzige Dokument zur handwerklichen Herstellung, das wir aufgefunden haben, liegt im „*Catalog der Modellsammlung des Mathematischen Instituts der kgl. Technischen Hochschule München, aufgestellt im Januar 1882 unter Leitung von Prof. A. Brill*".

* Aus dem „Catalog mathematischer Modelle für den höheren mathematischen Unterricht", Martin Schilling, Leipzig 1911

Foreword

In virtually every mathematics building there are cabinets or glass cases filled with a variety of models. Recently there has been a growing interest in such models, although the older ones are often in bad condition.

The most all encompassing collection is that in the mathematics institute of the University of Göttingen. In the foyer and the halls of this building (completed in 1929) one finds more than 60 glass cases containing a wide range of models. The catalogue for the collection has roughly one thousand entries. The Göttingen collection was established at the end of the great period of model building, which began around 1870.

The first clear indication of an interest in model building appears in the *"Monthly reports of the Royal Prussian Academy of Science of Berlin"* in the year 1873. On p. 539 one finds, *"On this occasion Mr. Kummer presented a plaster model of the Steiner surface which he himself had constructed"*. Further reports on surfaces of the 4th order which were displayed and discussed at meetings of this society appear in the years 1866 and 1872. Photos 40–47 show copies of the original models presented by Kummer. The construction of these models went hand in hand with work at the furthest frontiers of research in the area of algebraic surfaces.

A wide-reaching production of models began in the 1870's. *"One of the purposes of the problem sessions directed by Professors Brill and Klein at the Royal Technical University in Munich was the production and detailed study of models and drawings. Some of the models, which were really only constructed as exercises or examples, showed that these types of visual aides are not at all superfluous; quite the contrary they are of great value"*.*

After a period where some cardboard models were constructed, the building of plaster models began. The originals were made from a special modelling clay from which arbitrarily many plaster casts could be produced. The only document on the technical production of models which we have found is in the *"Catalogue of the model collection of the mathematics institute of the Royal Technical University of Munich, compiled under the direction of Prof. A. Brill in 1882"*.

* From the "Catalog mathematischer Modelle für den höheren mathematischen Unterricht", Martin Schilling, Leipzig 1911.

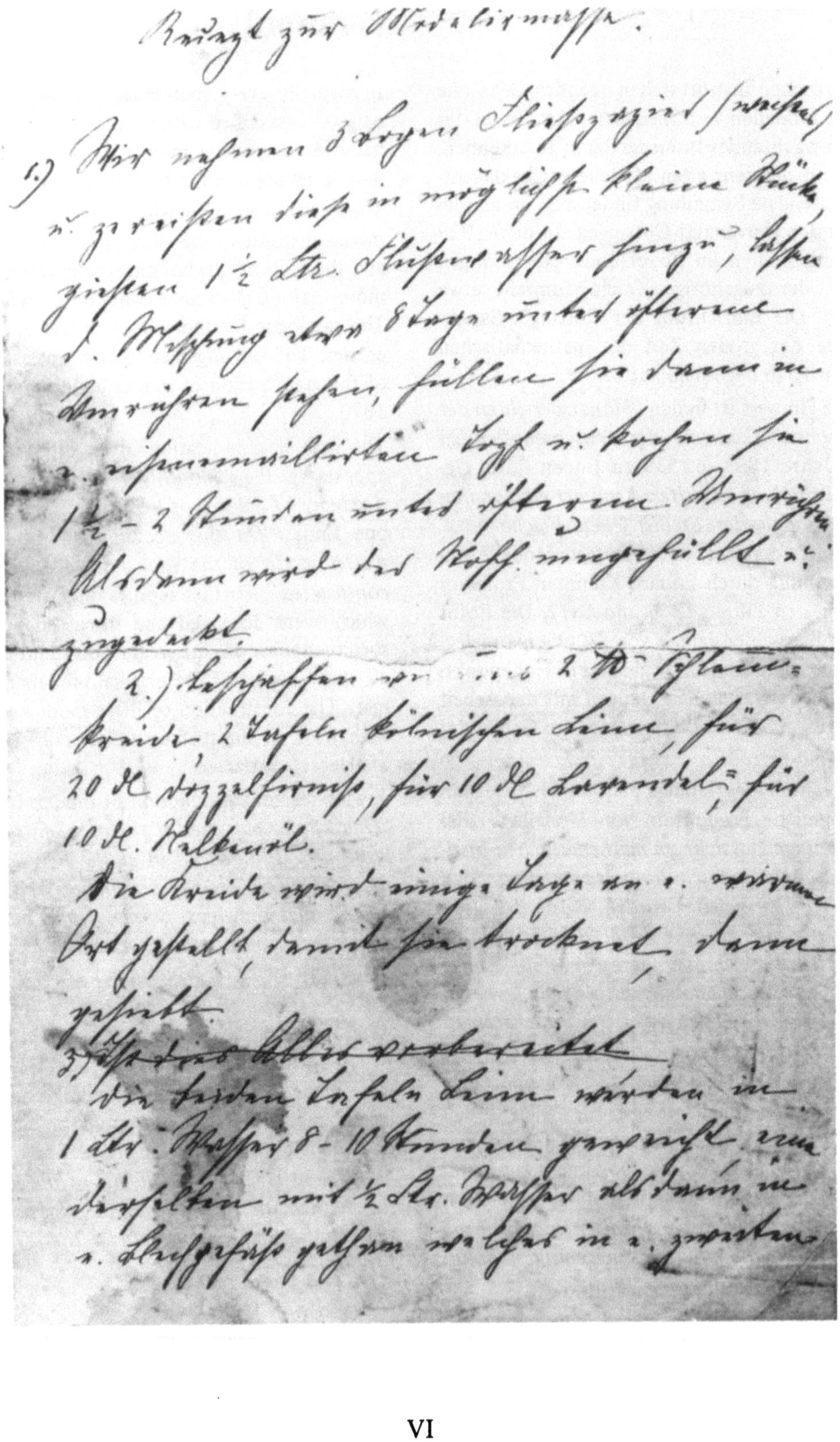
Rezept zur Modelirmasse.

1.) Wir nehmen 3 Bogen Fließpapier (weißes) u. zerreißen diese in möglichst kleine Stücke, gießen 1½ Ltr. Flußwasser hinzu, lassen d. Mischung etwa 8 Tage unter öfterem Umrühren stehen, füllen sie dann in e. unemaillirten Topf u. kochen sie 1½–2 Stunden unter öfterem Umrühren. Alsdann wird der Topf ausgefüllt u. zugedeckt.

2.) Beschaffen wir uns 2 M Schlemmkreide, 2 Tafeln kölnischen Leim, für 20 ₰ Leinölfirniß, für 10 ₰ Lavendelöl, für 10 ₰ Walkeröl.

Die Kreide wird einige Tage an e. warmen Ort gestellt, damit sie trocknet, dann gesiebt.

~~3.) Wie das Ganze vorbereitet~~

Die beiden Tafeln Leim werden in 1 Ltr. Wasser 8–10 Stunden geweicht, um dieselben mit ½ Ltr. Wasser alsdann in e. Blechgefäß gelöst welches in e. zweites

mit kochendem Wasser so lange ~~[illegible]~~
stehen muß, bis der Leim sich gelöst hat.
Alsdann werden dem gelösten Leime unter
stetem Umrühren zugesetzt: 3 Eßlöffel
Doppelfirniß, 20 Tropfen Lavendel- u. 10 Tropfen
Nelkenöl.

Die Mischung ist noch vollständig heiß.
In einen Porzellannapf gießen wir 3 Eßlöffel
derselben, nehmen von der Figurenmasse eben-
soviel u. rühren d. Masse gut unter einan-
der. Dann schütten wir von der Schlämmkreide
nach u. nach so viel zu, daß ein weicher Teig
entsteht, den wir mit den Händen so lange
durcharbeiten, bis er ganz gleichmäßig ist,
nicht mehr an den Fingern klebt u. beim
Drücken mit dem Finger die Hautporen
klar zeigt. In derselben Weise wird nun
auch d. übrige Masse nach u. nach gemischt.
Will man d. M. aufheben, so genügt
es, auf den Boden des Gefäßes, in dem man
sie aufbewahrt, einige Tropfen Wasser
zu geben.

Ist die Arbeit fertig, so muß sie an einem
warmen Ort (gut aus-)trocknen, zuletzt wird sie mit
durchsichtigem weißem Spiritlack bestrichen.

Rezept zur Modeliermasse

1.) Wir nehmen drei Bogen Fließpapier (weißes) und zerreißen diese in möglichst kleine Stücke, gießen 1 1/2 Ltr. Flußwasser hinzu, lassen die Mischung etwa acht Tage unter öfterem Umrühren stehen, füllen sie dann in einen eisenemaillierten Topf und kochen sie 1 1/2 bis 2 Stunden unter öfterem Umrühren. Alsdann wird der Stoff umgefüllt und zugedeckt.

2.) Beschaffen wir uns 2 Pfd. Schlemmkreide, 2 Tafeln Kölnischen Leim*, für 20 Mark Doppelfirniß, für 10 Mark Lavendel-, für 10 Mark Nelkenöl.

Die Kreide wird einige Tage an einen warmen Ort gestellt, damit sie trocknet, dann gesiebt.

3.) Die beiden Tafeln Leim werden in 1 Ltr. Wasser 8 bis 10 Stunden geweicht, eine derselben mit 1/2 Ltr. Wasser alsdann in ein Blechgefäß gethan, welches in einem zweiten mit kochendem Wasser so lange stehen muß, bis der Leim sich gelöst hat. Alsdann werden dem gelösten Leim unter stetem Umrühren zugefügt: 3 Eßlöffel Doppelfirniß, 20 Tropfen Lavendel- und 10 Tropfen Nelkenöl.

Die Mischung ist noch vollständig heiß. In einen Porzellannapf gießen wir 3 Eßlöffel derselben, nehmen von der Papiermasse ebensoviel und rühren die Masse gut untereinander. Dann schütten wir von der Schlemmkreide nach und nach so viel zu, daß ein weißer Taig entsteht, den wir mit den Händen so lange durcharbeiten, bis er ganz gleichmäßig ist, nicht mehr an den Fingern haftet und beim Drücken mit dem Finger die Hautporen klar zeigt. In derselben Weise wird nun auch die übrige Masse nach und nach gemischt. Will man die Masse aufheben, so genügt es, auf den Boden des Gefäßes, in dem man sie aufbewahrt, einige Tropfen Wasser zu geben.

Ist die Arbeit fertig, so muß sie an einem warmen Ort gut austrocknen, zuletzt wird sie mit durchsichtigem weißen Spirituslack bestrichen.

* Heißleim aus Haut, Leder oder Knochen, wie er früher von Schreinern verarbeitet wurde.

Recipe for Modelling Clay

1.) Take three pieces of white blotting paper and tear them into as small pieces as possible. Add 1 1/2 Liters of river water and, stirring often, let the mixture set for about eight days. Then pour it into an enamelled pan and boil it for 1 1/2–2 hours, stirring often. Thereupon sieve the mixture into another container and cover it.

2.) Procure 2 lbs (2.2 American pounds) whitening (powdered chalk used in making whitewash), 2 bars of Cologne-glue (the type which is made from bone and is still used for gluing string instruments), 20 Marks worth of double varnish (fine varnish which is, for example, used to cover paintings), 10 Marks worth of essence of lavender and 10 Marks worth of essence of clove.

3.) Soften both bars of glue in 1 liter of water (8–10 hours). Then put one of them along with 1/2 liter of water in a tin container which is sitting in another such container which is filled with boiling water. Wait until the glue has dissolved and then, stirring continuously, add 3 tablespoons double varnish, 20 drops essence of lavender and 10 drops essence of clove.

Keeping the mixture hot, pour 3 tablespoons of it in a large porcelain bowl. Take the same amount of the paper mixture and stir it in. Shake in the whitening a little bit at a time until a white dough is obtained. Knead this until it is smooth and uniform, it doesn't cling to the fingers, and, when pressed, a clear fingerprint is seen. In the same way mix together the remaining paper and glue mixtures. If storage of the resulting clay is desired, it is sufficient to put a few drops of water on the bottom of the container in which it is to be stored.

When the work is finished, the clay must be well dried in a warm place. Finally, paint it with transparent white spirit varnish.

Aus dieser Zeit besonders hervorzuheben sind die *„unter Leitung von Felix Klein ausgeführten"* Modelle zur algebraischen Geometrie: die Modelle der Kummerschen Fläche von stud. math. K. Rohn (1877, Fotos 40–42) und die Modelle von Flächen dritter Ordnung, die C. Rodenberg mit seiner Dissertation 1878 anfertigte (Fotos 10–33).

Einer *„Anregung aus München entsprechend"** übernahm die Verlagshandlung L. Brill in Darmstadt 1877 den Verkauf von Modellen. Sie wurden in Serien zusammengefaßt und jeder Serie wurde beim Verkauf eine mathematische Erläuterung beigegeben. In den Sammlungen der Institute sind diese Beilagen anscheinend verloren gegangen. Im Jahre 1904 gab der Verlag Martin Schilling in Halle a.S. eine Sammlung der Erläuterungen der bis dahin vorliegenden Serien 1 bis 23 in Buchform heraus. Durch einen Hinweis von G. van der Geer haben wir ein Exemplar dieses Buches in der Bibliothek der Universität Amsterdam gefunden. Es diente uns als Grundlage für die meisten Beschreibungen im Textteil.

Die Preise für die Modelle waren eindrucksvoll. Im Jahre 1911 kostete beim Verlag Schilling die Kummerfläche mit vier reellen Knotenpunkten (Foto 37) 21 Mark. Das entspricht heute etwa DM 500.

Auch andere Hersteller boten Modelle, Apparate und Instrumente für Mathematik und Physik an. Walther Dyck stellte im Auftrag der neu gegründeten Deutschen Mathematiker-Vereinigung im Jahre 1892 einen umfassenden Katalog zusammen. Er vermittelt einen sehr guten Eindruck über die Vielfalt des Angebots zum Ende des vergangenen Jahrhunderts.

Der Verlag Brill ging 1899 in den Besitz von Martin Schilling (zunächst in Halle a.S., dann in Leipzig) über. Bis 1911 wuchs der Katalog auf 40 Serien mit fast 400 Modellen und Apparaten an. Er ist mit sehr schönen Holzschnitten illustriert, die wir zum Teil im Kommentarband reproduziert haben.

In den Jahren des ersten Weltkrieges kam der Bau von Modellen weitgehend zum Erliegen. Im Jahr 1932 hat Martin Schilling dem mathematischen Institut in Göttingen mitgeteilt, *„daß in den letzten Jahren keine neuen Modelle erschienen sind. Das erste nach dem Kriege ist das Modell der*

* Aus dem „Catalog mathematischer Modelle für den höheren mathematischen Unterricht", Martin Schilling, Leipzig 1911

It is particularly worth drawing attention to the models which were constructed during this period *"under the direction of Felix Klein"*: The models of the Kummer surface by a student of mathematics K. Rohn (1877, Photos 40–42) and the models of surfaces of 3rd order which C. Rodenberg constructed in connection with his dissertation (Photos 10–33).

Responding to *"instigation from Munich"**, the publishing company L. Brill in Darmstadt took over the sales of models. They were put together in series, each being accompanied by a mathematical explanation. Unfortunately it seems that the latter have been lost; at least they cannot be found at the institutes where the collections presently abide. In 1904 the Martin Schilling Press in Halle a.S. published in book form the explanations of the models which had been built up to that time (Series 1–23). From a tip by G. van der Geer, we found a copy of this book in the library at the University of Amsterdam. It served as a basis for most of the descriptions in the present text.

The prices for the models were quite impressive. For example, in 1911 the Schilling publishing company was asking 21 Marks for a model of the Kummer surface with 4 double points. This would correspond to about DM 500 or $ 200 today.

Other producers were also offering models, devices, and instruments for mathematics and physics. In 1892, under contract of the newly established German Mathematical Society, Walter Dyck assembled a complete catalogue of such products. This gives a very good impression of the breadth of such offerings toward the end of last century.

In 1899 the Brill publishing house was taken over by Martin Schilling (first in Halle a.S. and later in Leipzig). The catalogue continued to expand until 1911 when it contained 40 series with almost 400 models and devices. In this catalogue there are beautiful illustrations of wood carvings which we have reproduced in the commentaries.

The great period of model building ended during the years of World War I. In 1932 Martin Schilling informed the mathematics institute in Göttingen that *"in the last years no new models have appeared. The first model which was built after the war was that of the Peano surface and there*

* From the „Catalog mathematischer Modelle für den höheren mathematischen Unterricht", Martin Schilling, Leipzig 1911.

Peano-Fläche. Es sind verschiedene neue Modelle in Vorbereitung, die wir aber infolge der schlechten und unübersichtlichen Geschäftslage immer wieder zurückgestellt haben." Danach bricht die in Göttingen aufbewahrte Korrespondenz mit dem Verlag Schilling ab.

Das erlahmende Interesse an Modellen hatte sicher nicht nur wirtschaftliche Gründe. Vielmehr traten in der Mathematik allgemeinere und abstraktere Gesichtspunkte in den Vordergrund. Das in den dreißiger Jahren in Göttingen entstandene Buch von van der Waerden über algebraische Geometrie enthält als Abbildungen nur noch wenige simple Strichzeichnungen. Nicolas Bourbaki schließlich hat Bilder ganz aus seinen Büchern verbannt.

Wie jedes Pendel so schlägt auch dieses zurück. Zudem wirken Computer und Plotter als neuartiger Anreiz, sich von Objekten der Mathematik ein Bild zu verschaffen. Wie gut der Anschluß an die alte Tradition gelingen kann, zeigen die Computergrafiken der Steiner'schen Römerfläche von Thomas Banchoff, die wir in Fotos 108 bis 114 dem Gipsmodell von Kummer aus dem Jahre 1863 gegenübergestellt haben.

Für das vorliegende Buch mußte aus der verwirrenden Fülle von zur Verfügung stehendem Material eine strenge Auswahl getroffen werden. Maßgebend dafür waren nicht zuletzt ästhetische und fotografische Gesichtspunkte. Besonders lohnende Objekte waren die Gipsmodelle, die bei geeigneter Beleuchtung in ihrer Wirkung enorm gesteigert werden können. Auch vom Standpunkt der Mathematik sind die von den Verlagen Brill und Schilling verkauften Gipsmodelle von zeitlosem Wert. So sind diese Modelle zum Schwerpunkt unseres Buches geworden. Zwei Serien von völlig andersartigen Modellen aus Draht und Holz, sämtlich Unikate, stammen aus dem Palais de la Découverte in Paris.

Für die Anordnung der Kapitel haben wir die Reihenfolge des systematischen Teils der alten Verlagskataloge übernommen. Die Kommentare im Textteil stützen sich auf die klassischen Erläuterungen, gehen aber weit darüber hinaus und zeigen die alten Modelle auch mathematisch in neuem Licht.

Die Vorbereitungen für dieses Buch haben lange Zeit in Anspruch genommen, es wurde mir von vielen Seiten dabei geholfen. In den mathematischen Instituten der Universitäten Erlangen, Göttingen, Heidelberg und München sowie im Palais de la Découverte in Paris erhielt ich Zugang zu den Sammlungen und die Erlaubnis zu Aufnahmen. Nikos Zikos,

are various new models in preparation. However, as a result of the bad and unpredictable market conditions, we have held back their production". This was the last of such correspondence with Schilling Press. The entire collection can be found in the archives at Göttingen.

There were certainly other reasons than economic for the waning interest in models. More and more general and abstract viewpoints came to the forefront of mathematics. For example, van der Waerdens book on algebraic geometry, which was conceived in Göttingen in the thirties, contains only a few simple drawings. Finally Nicolas Bourbaki totally banned pictures from his books.

Like every pendulum, this also swung back. Computers and plotters gave additional impetus for creating pictures of mathematical objects. We have juxtaposed Thomas Banchoff's computer graphics of Steiner's Roman Surface and the plaster model by Kummer from the year 1863 (Photos 108–114) in order to show the unification of the old and new.

There was of course an abundance of material available for the present book and the final product only represents a small selection. While choosing which material to include, asthetic and photographic aspects played an important role. In this regard the plaster models were quite special, because, when appropriately lighted, their effect can be enormously increased. Those which were sold by the publishing companies Brill and Schilling are of timeless value from the standpoint of mathematics. Thus these models have become a central part for our book. The two series of models made of wood and wire, which are of a completely different type, came from the Palais de la Découverte in Paris. (There seems to be only one such copy in existence.)

The ordering of the chapters follows that of the old catalogues. The commentary in the text is supported by the classical explanations, but goes much further and shows old models in a new mathematical light.

During the lengthy preparation of this book I received help from many sides. I was permitted to study and photograph collections at the mathematics institutes of the Universities of Erlangen, Göttingen, Heidelberg, and Munich as well as in the Palais de la Découverte in Paris. Nikos Zikos, restorer at the Glyptothek in Munich, repaired some models and made new copies of others. I would like to thank Michael Gnade for many valuable suggestions regarding photographic questions. My son Xaver was a patient helper in the

Restaurator an der Glyptothek in München, hat einige Modelle repariert und neu abgegossen. Viele wertvolle Anregungen in fotografischen Fragen verdanke ich Michael Gnade; mein Sohn Xaver war ein geduldiger Helfer in der Dunkelkammer. Ulrike Schmickler-Hirzebruch und Michael Langfeld vom Vieweg-Verlag sowie Renate Helle und Reinhard Höppner vom Akademie-Verlag, Berlin, waren stets mit Rat und Tat an der Arbeit beteiligt. Last not least danke ich all den Mitarbeitern an den Kommentaren sowie den Übersetzern für ihre Begeisterung und ihre Sorgfalt. Uns allen hat die Arbeit viel Freude gemacht. Wir möchten damit dem Vieweg-Verlag zu seinem 200. Geburtstag weiterhin viel Erfolg wünschen!

Düsseldorf, im September 1985

Gerd Fischer

dark room. Ulrike Schmickler-Hirzebruch and Michael Langfeld of Vieweg-Verlag as well as Renate Helle and Reinhard Höppner of Akademie-Verlag Berlin were always involved by word and deed in this work. Last but not least I thank all of the co-workers on the commentary as well as the translators for their enthusiasm and careful work. This project brought much delight to us all. In this spirit we congratulate Vieweg-Verlag on its 200th birthday and wish it continued success.

Düsseldorf, September 1985

Gerd Fischer
(translated by *Alan Huckleberry*)

Inhalt Contents

Kapitel 1
Elementare analytische Geometrie

Dimension	Fotos 1–4
Quadriken	Fotos 5–9

Chapter 1
Elementary Analytic Geometry

Dimension	Photos 1–4
Quadrics	Photos 5–9

Im allgemeinen erfreut sich die Mathematik, wenn auch
ihre Bedeutung anerkannt wird, keiner Beliebtheit. Das liegt an
der verbreiteten Vorstellung, als sei die Mathematik
eine Fortsetzung oder Steigerung der Rechenkunst.
Dieser Vorstellung soll unser Buch entgegenwirken.

DAVID HILBERT
Anschauliche Geometrie
Springer, Berlin 1932

1 Quadrat (2-dimensionaler Würfel)

Square (2-dimensional cube)

2 3-dimensionaler Würfel

3-dimensional cube

5 Bewegliches Fadenmodell, erste Stellung: Zylinder, Kegel und Ebene

Variable thread model, first position: Cylinder, cone and plane

6 Bewegliches Fadenmodell, zweite Stellung: Einschaliges Hyperboloid und hyperbolisches Paraboloid

Variable thread model, second position: One-sheeted hyperboloid and hyperbolic paraboloid

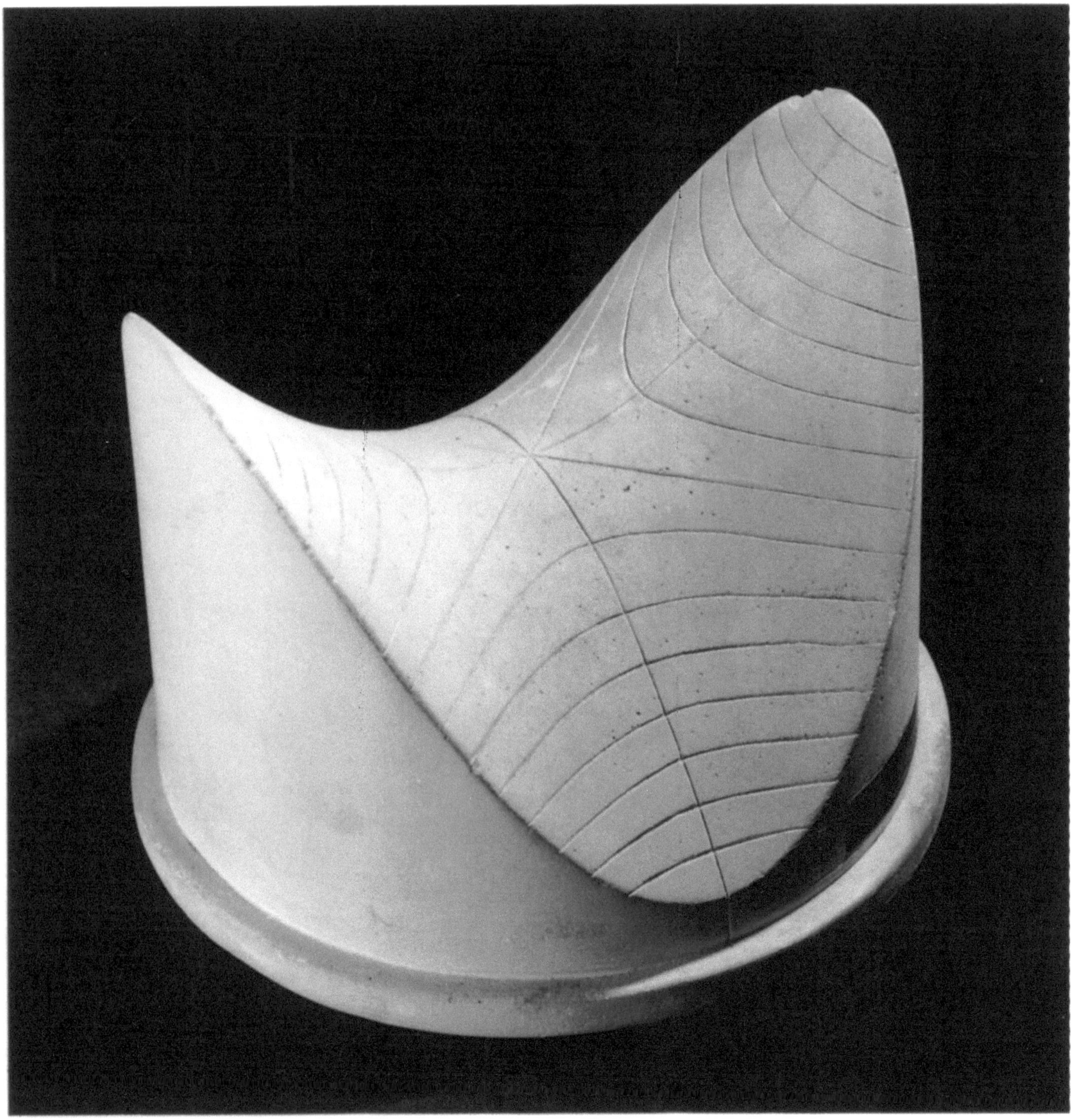

7 Hyperbolisches Paraboloid mit Ebenenschnitten

Hyperbolic paraboloid with plane sections

8 Hyperbolisches Paraboloid (bewegliches Fadenmodell)

Hyperbolic paraboloid (variable thread model)

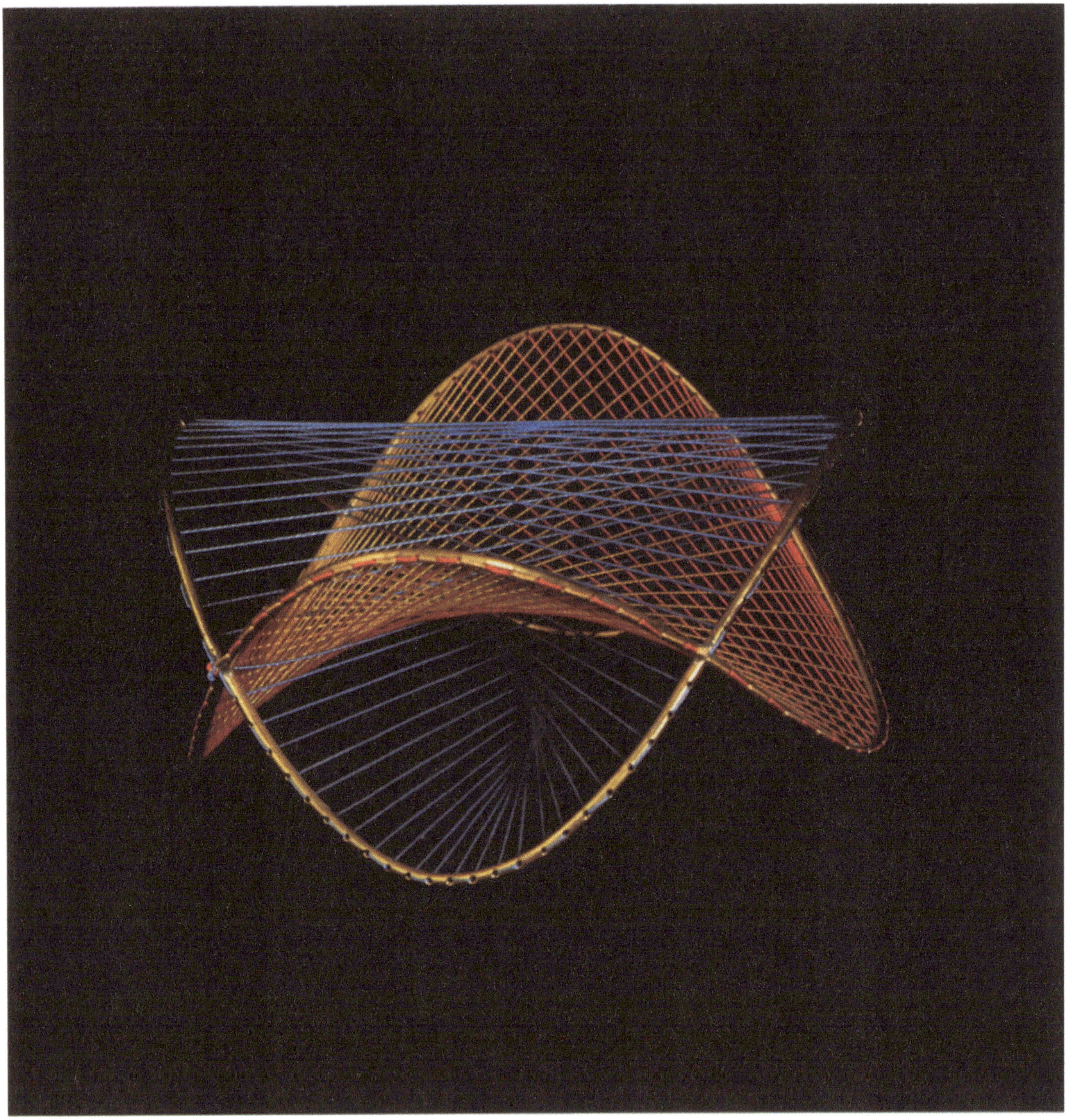

9 Hyperbolisches Paraboloid und Zylindroid

Hyperbolic paraboloid and cylindroid

Kapitel 2
Algebraische Flächen

Chapter 2
Algebraic Surfaces

Ein Ding nachformen – das hieß: über jede Stelle gegangen sein, –
nichts verschwiegen, nichts übersehen, nirgends betrogen haben;
alle die hundert *Profile* kennen, alle die Aufsichten und Untersichten, –
jede Überschneidung.
Erst dann war ein Ding *da*, erst dann war es Insel,
überall abgelöst von dem Kontinent des Ungewissen.

RAINER MARIA RILKE
über Auguste Rodin

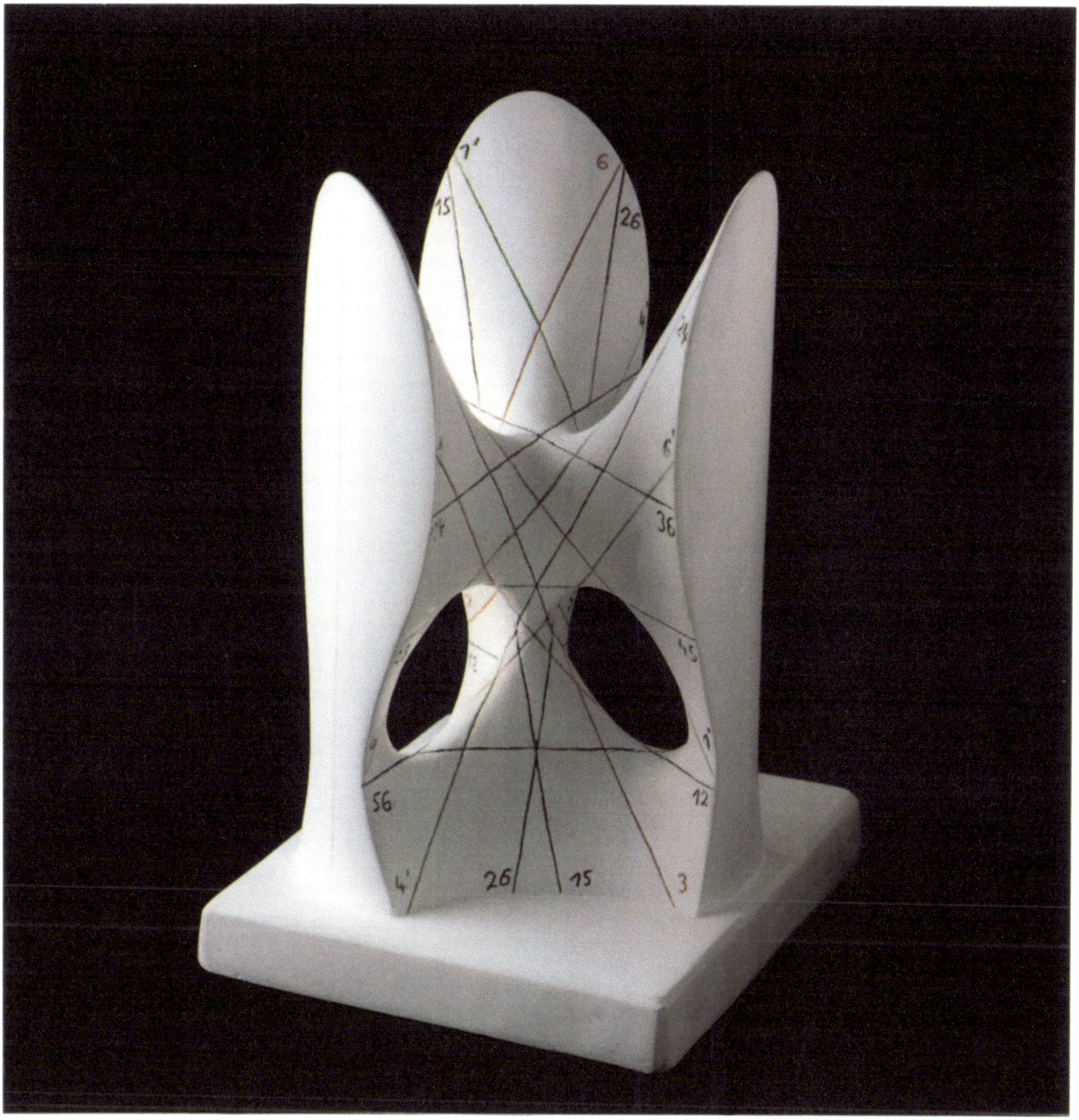

10 Diagonalfläche von Clebsch

Clebsch diagonal surface

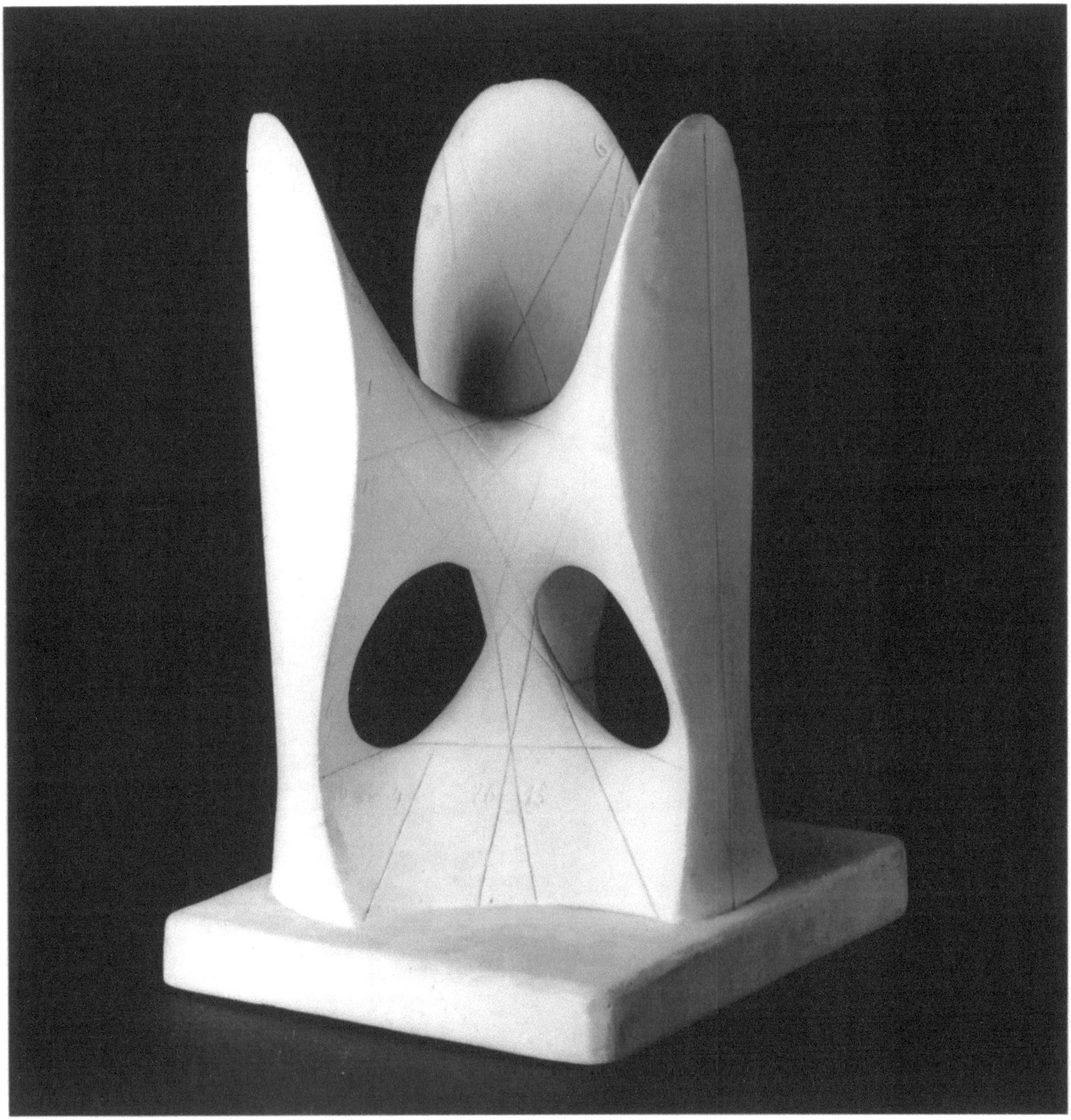

11 Diagonalfläche (von der Seite gesehen)

Diagonal surface (seen from the side)

12 Diagonalfläche (schräg von oben gesehen)

Diagonal surface (seen at a slant from above)

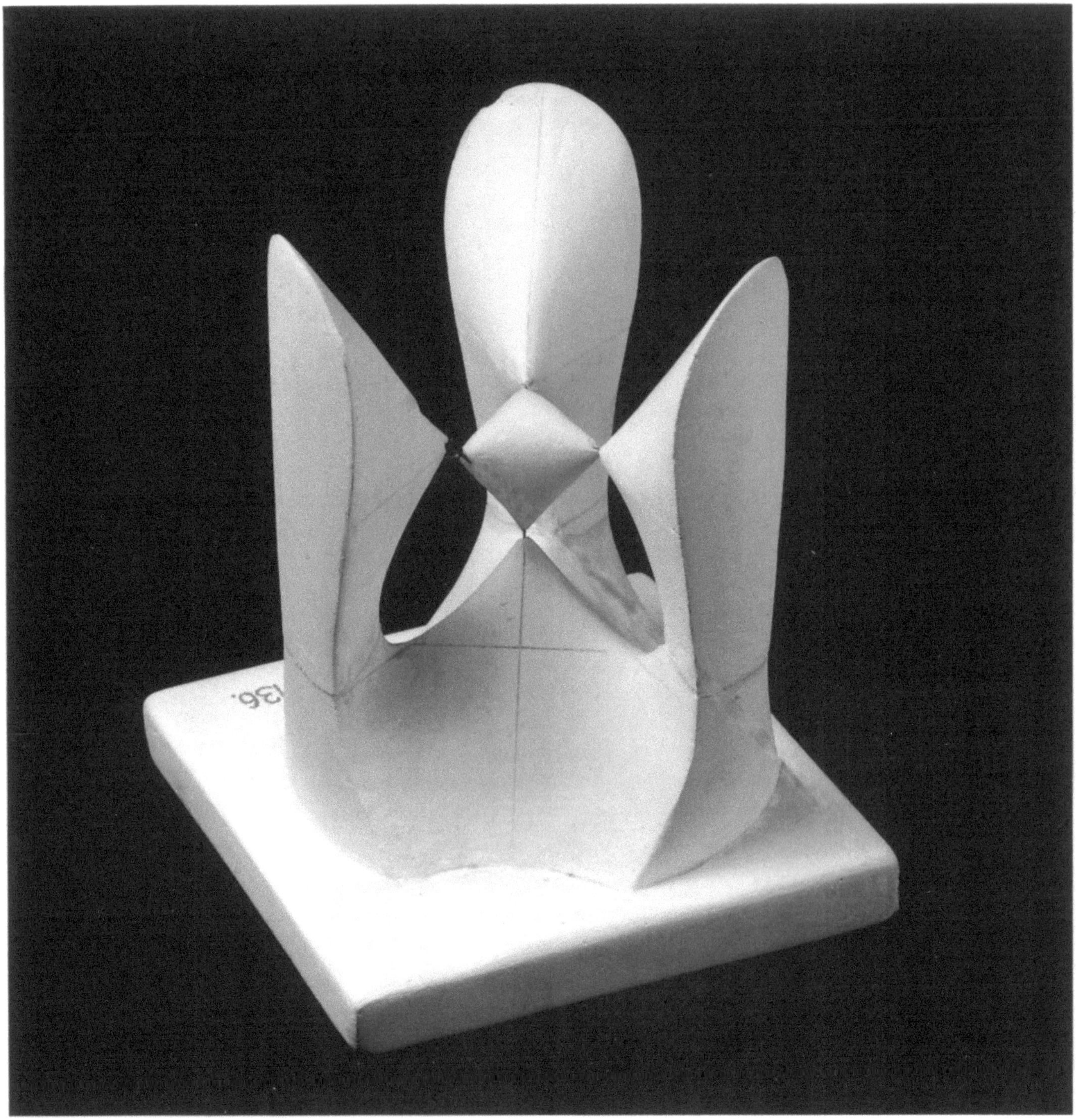

13 Kubik mit vier Doppelpunkten A_1

Cubic with four A_1 double points

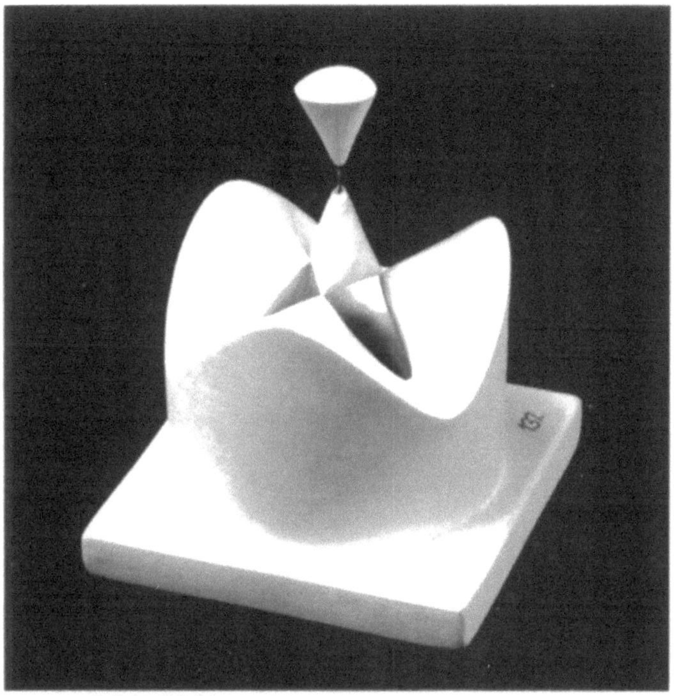

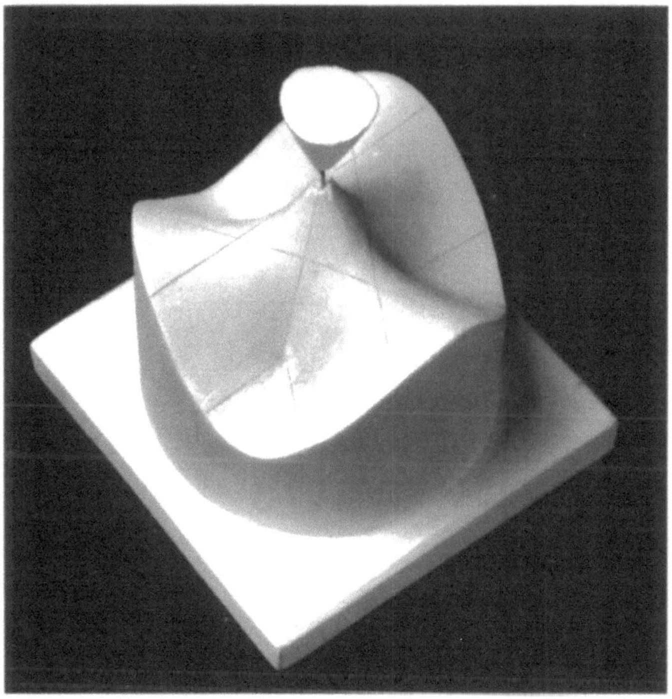

16

17

14–17 Verschiedene affine Formen der Kubik mit vier Doppelpunkten

Various affine forms of the cubic with four double points

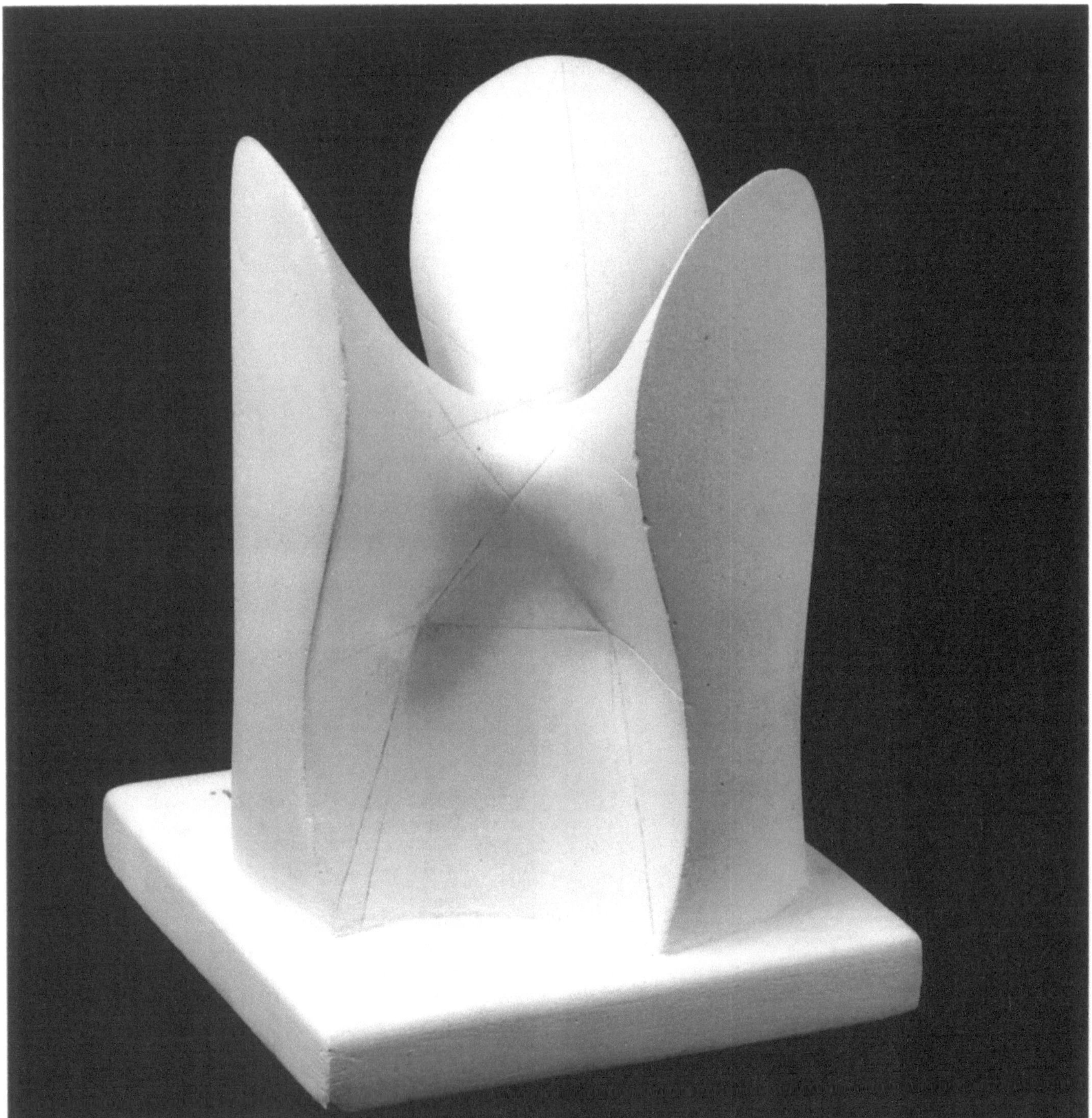

18 Kubik mit drei Doppelpunkten A_1 (von außen)

Cubic with three A_1 double points (from outside)

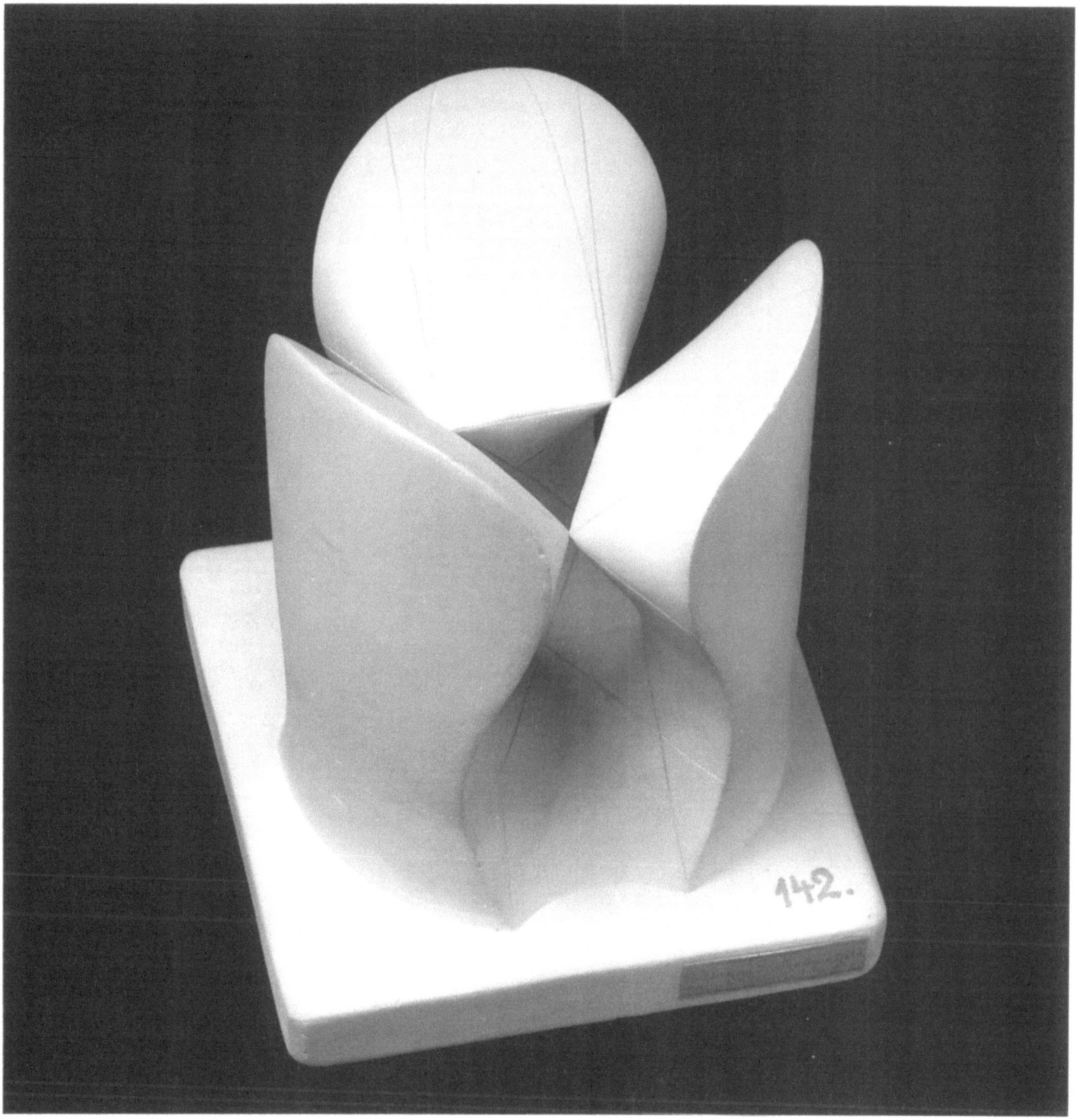

19 Kubik mit drei Doppelpunkten A_1 (von innen)

Cubic with three A_1 double points (from inside)

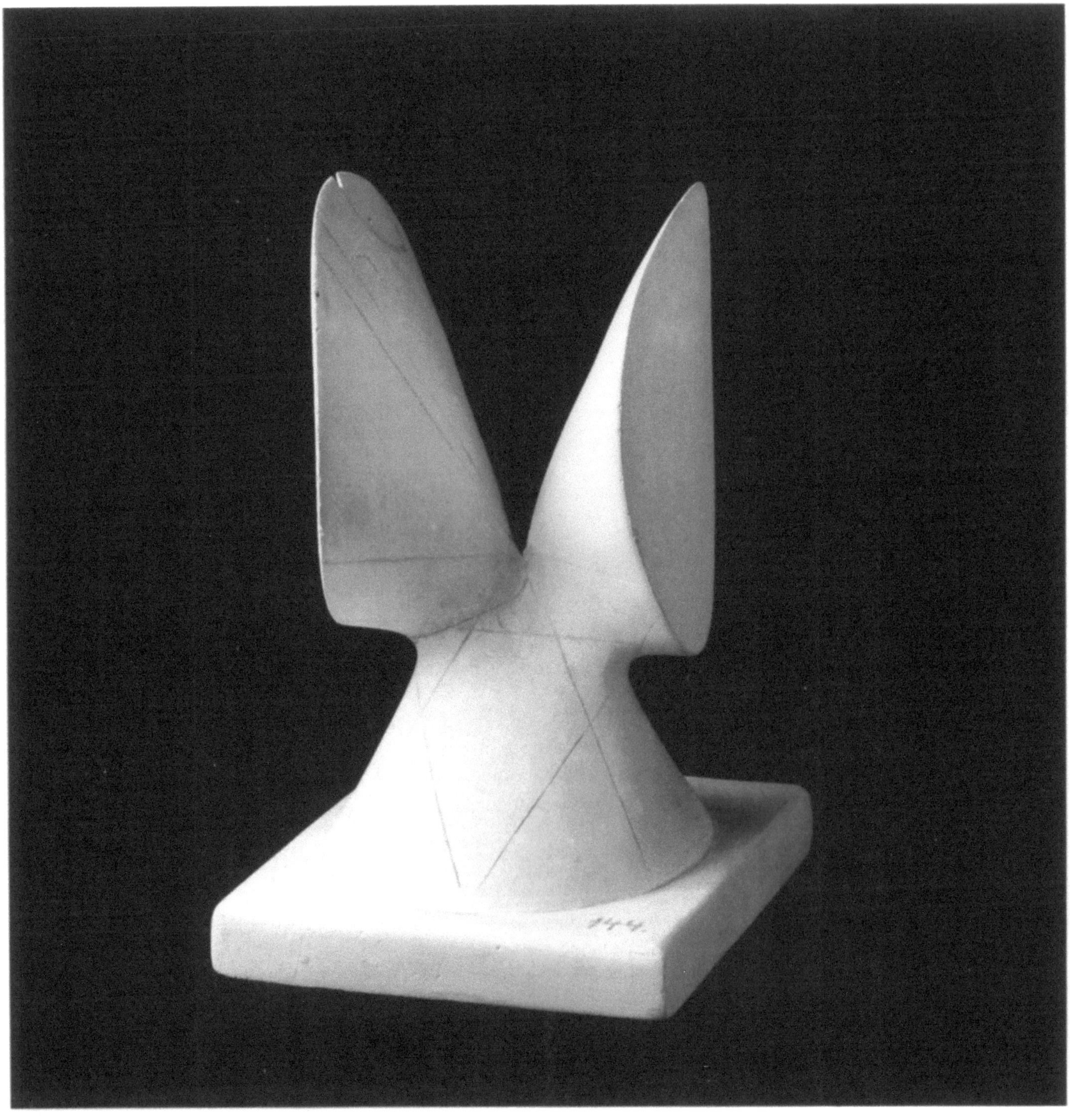

20 Kubik mit einem Doppelpunkt A_2

Cubic with an A_2 double point

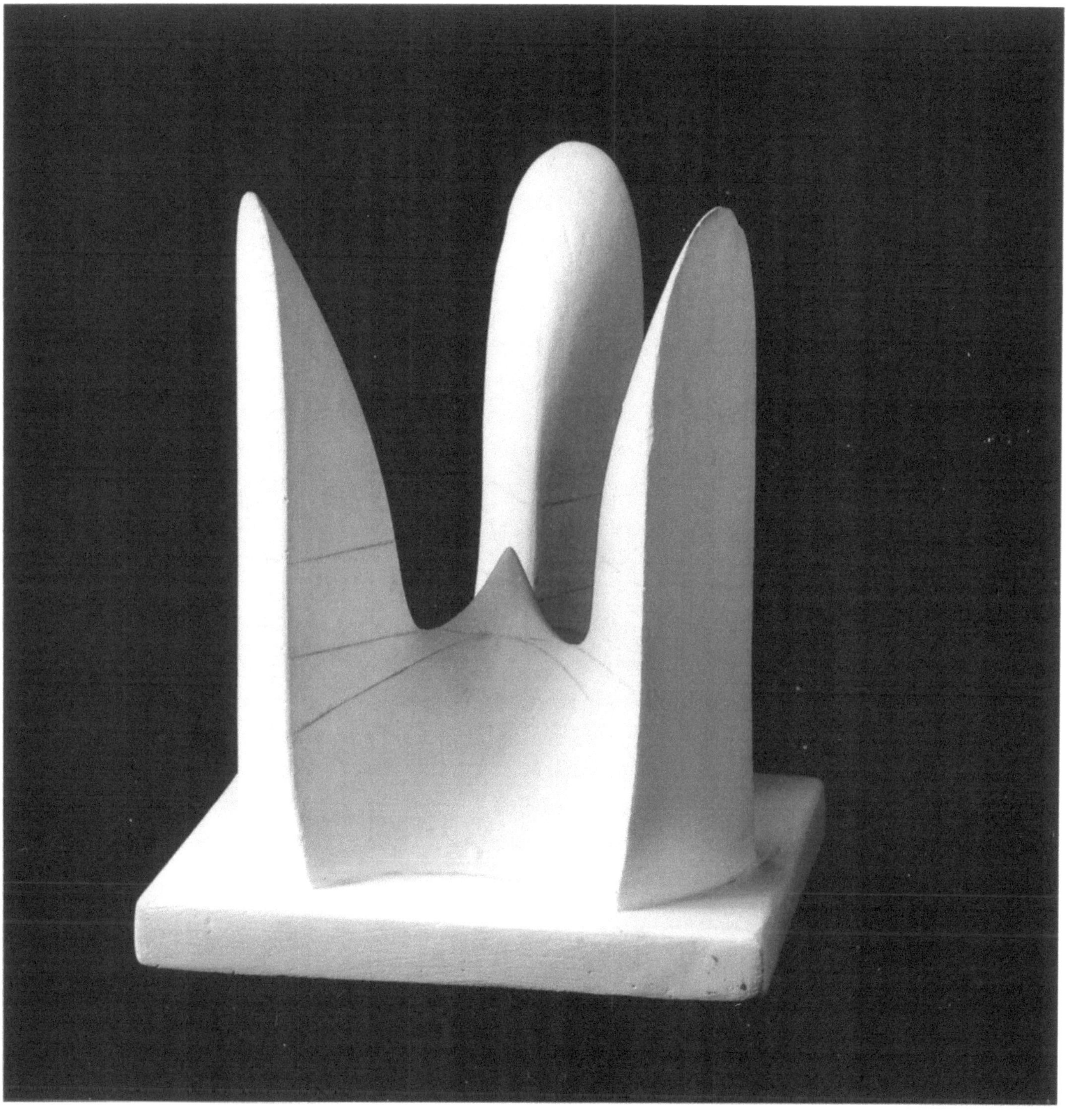

21 Kubik mit einem Doppelpunkt A_2 (andere reelle Form der Singularität)

Cubic with an A_2 double point (other real form of the singularity)

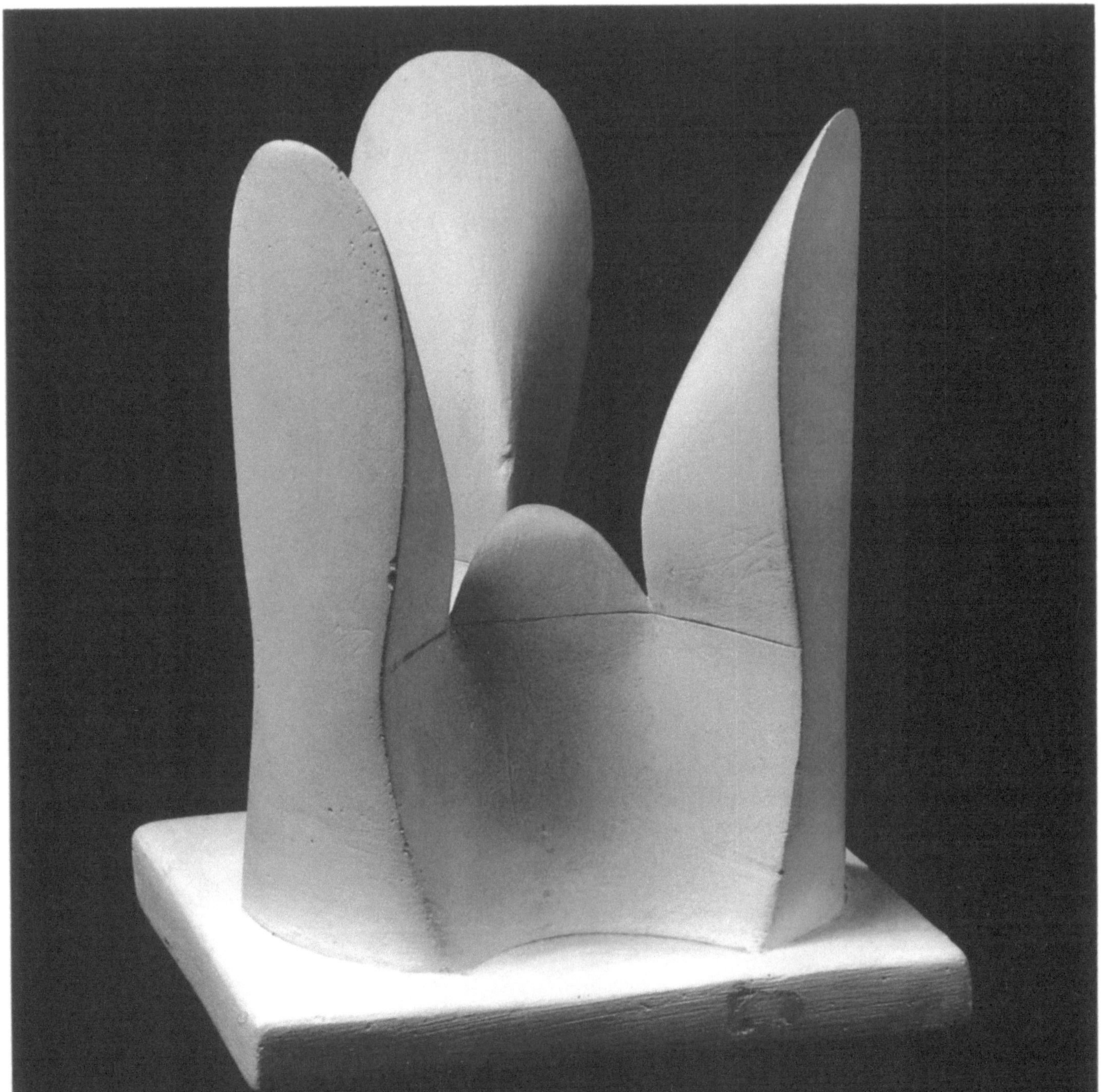

22 Kubik mit drei Doppelpunkten A_2

Cubic with three A_2 double points

23 Kubik mit einem Doppelpunkt A_3

Cubic with an A_3 double point

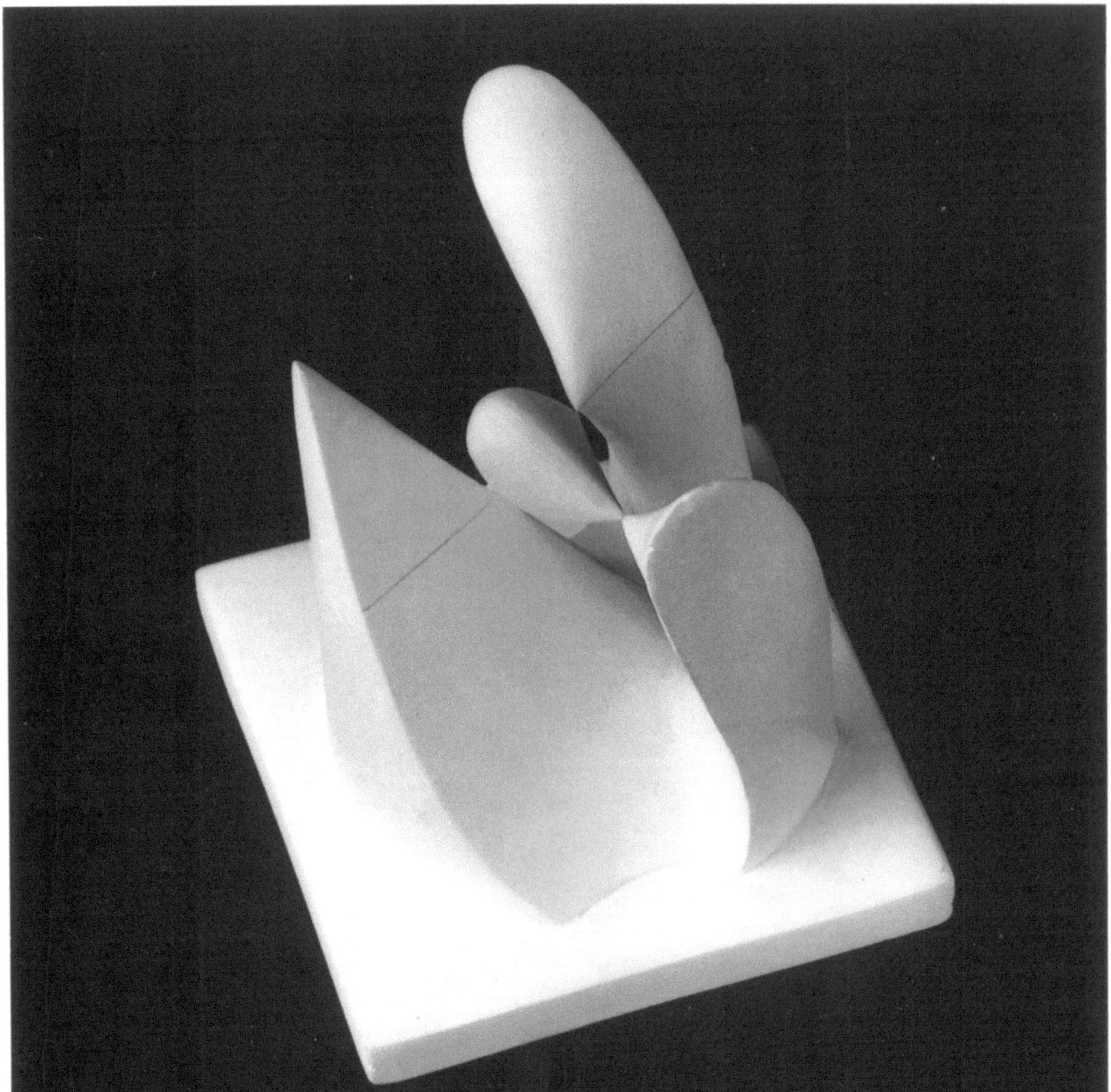

24 Kubik mit einem Doppelpunkt A_3 und zwei Doppelpunkten A_1

Cubic with one A_3 and two A_1 double points

25 Kubik mit einem Doppelpunkt A_4 und einem Doppelpunkt A_1

Cubic with an A_4 and an A_1 double point

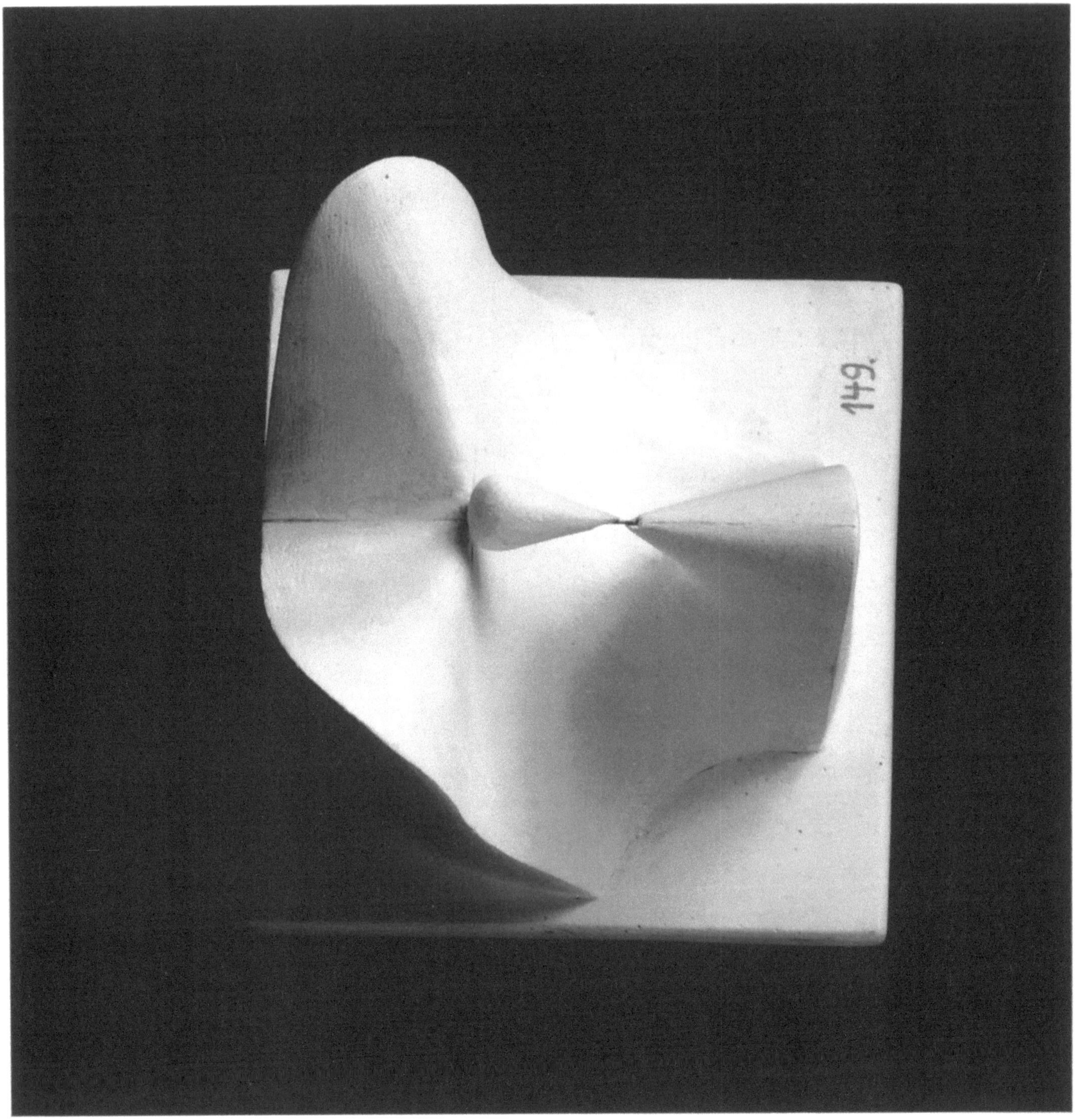

26 Kubik mit einem Doppelpunkt A_5 und mit einem Doppelpunkt A_1

Cubic with an A_5 and an A_1 double point

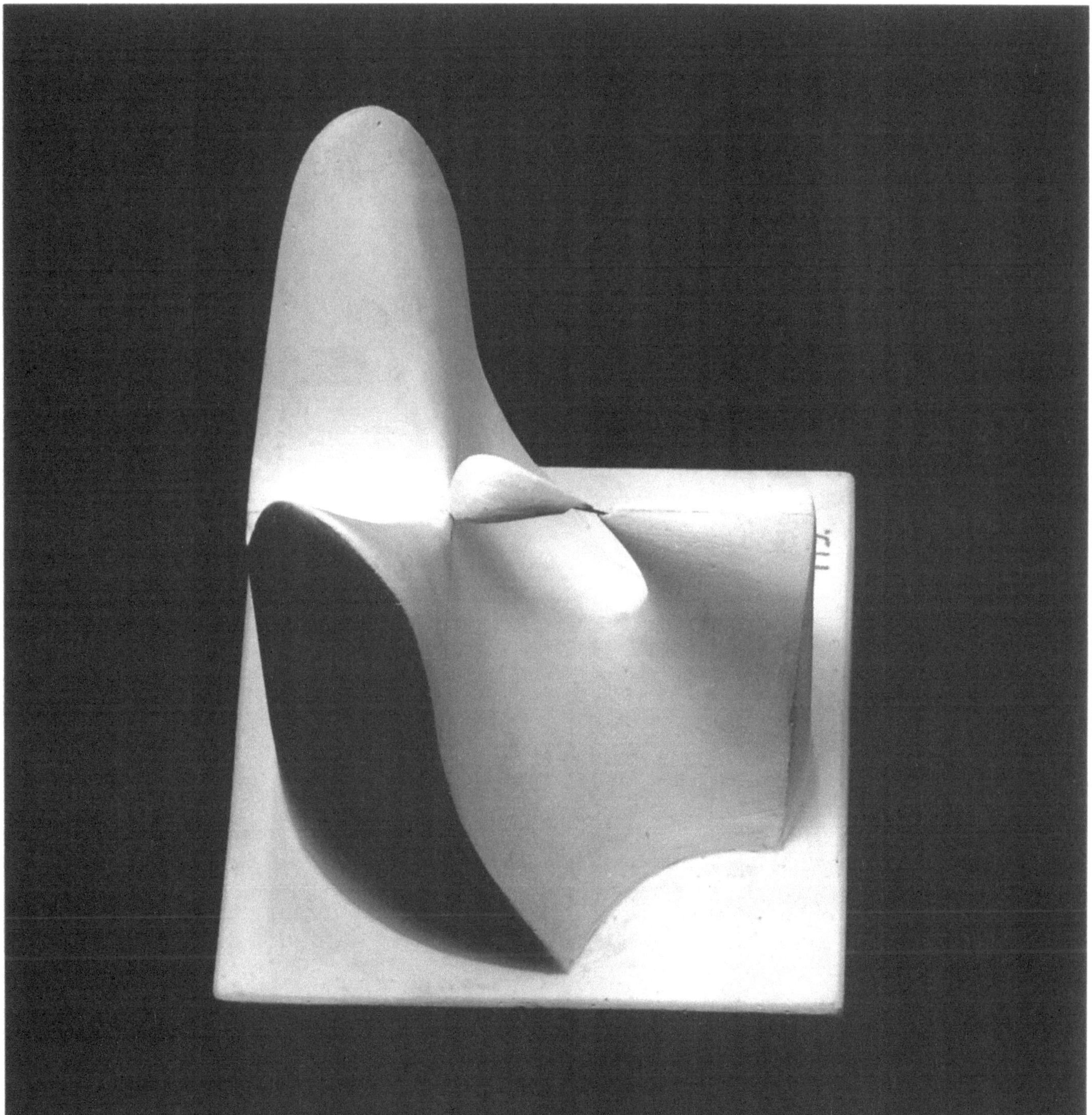

27 dieselbe Fläche (Aufsicht)

same surface (seen from above)

32 Regelfläche dritter Ordnung

Ruled surface of order three

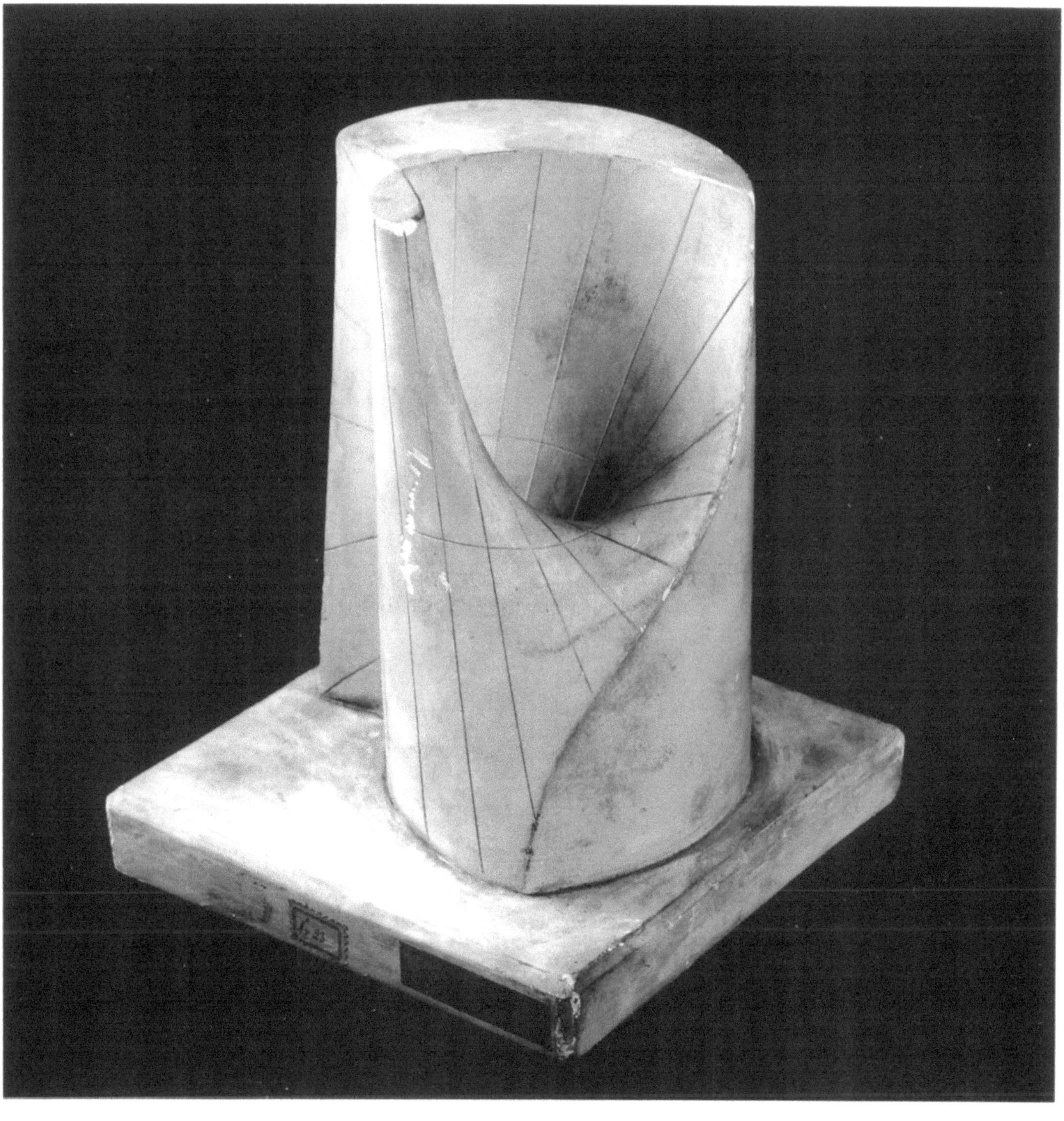

33 Cayleysche Regelfläche

Cayley's ruled surface

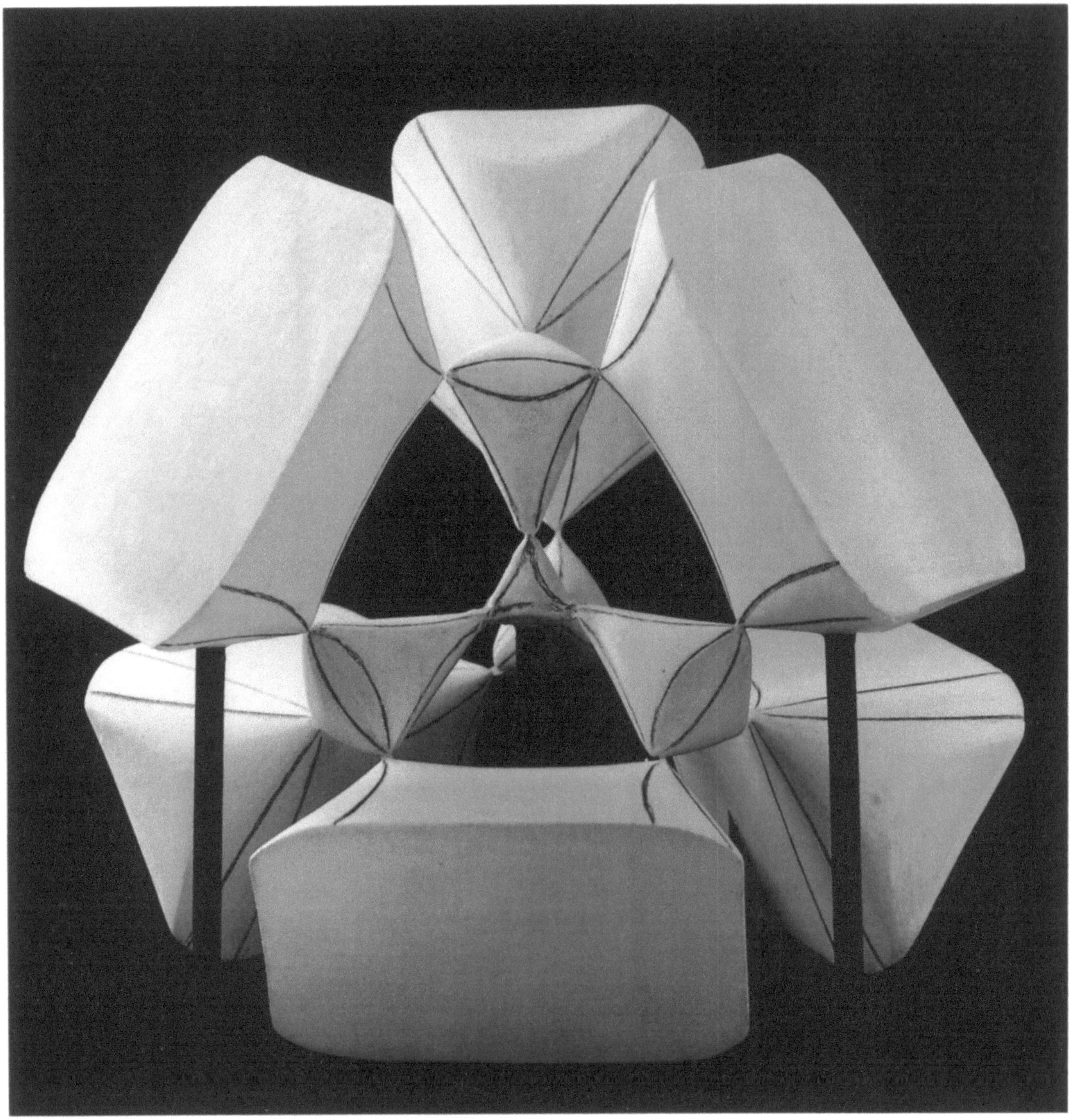

34 Kummerfläche mit 16 reellen Doppelpunkten

Kummer surface with 16 real double points

35 Kummerfläche mit 16 reellen Doppelpunkten, davon vier auf der unendlich fernen Ebene

Kummer surface with 16 real double points, four at infinity

36 Kummerfläche mit 8 reellen Doppelpunkten

Kummer surface with 8 real double points

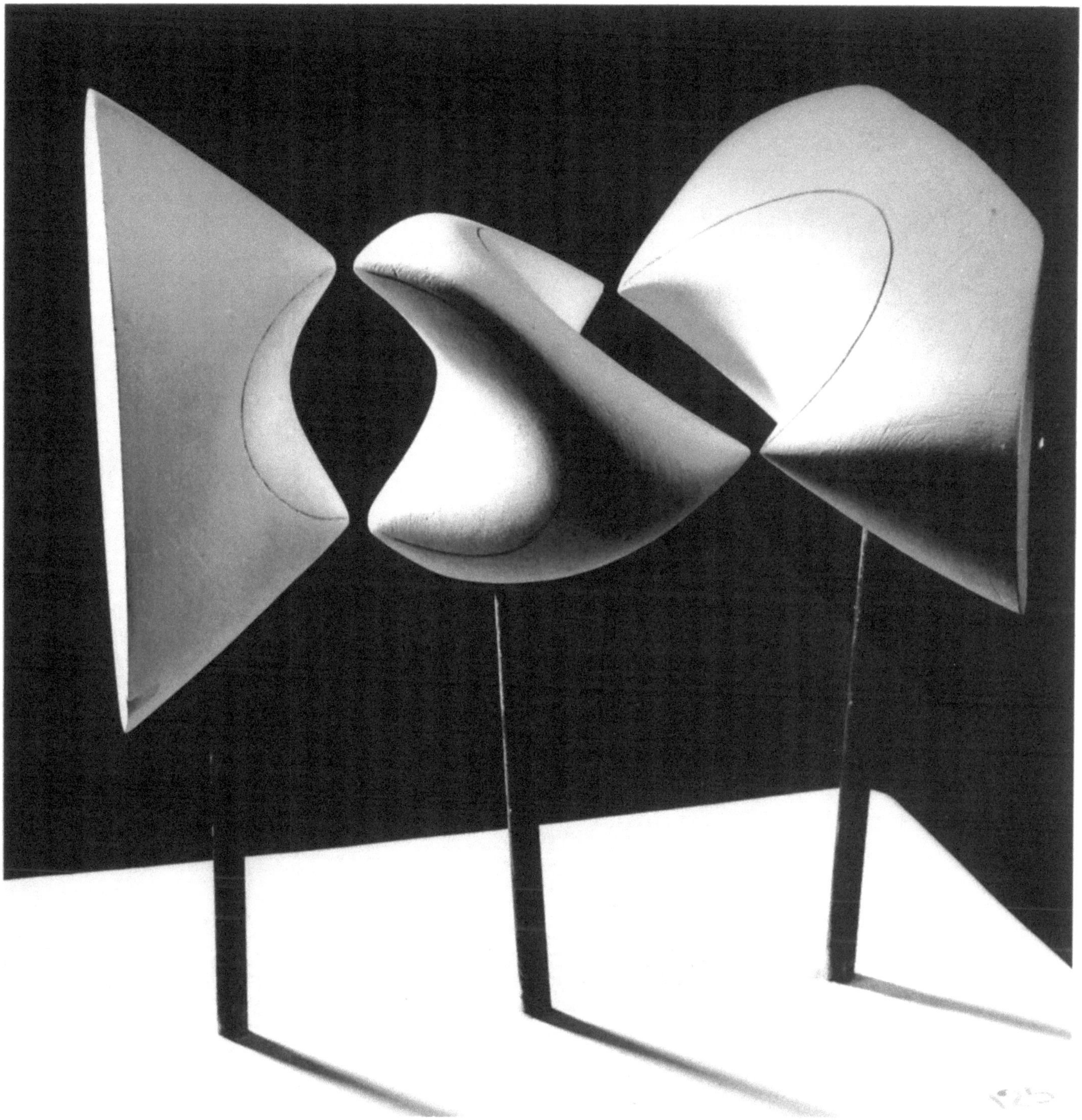

37 Kummerfläche mit 4 reellen Doppelpunkten

Kummer surface with 4 real double points

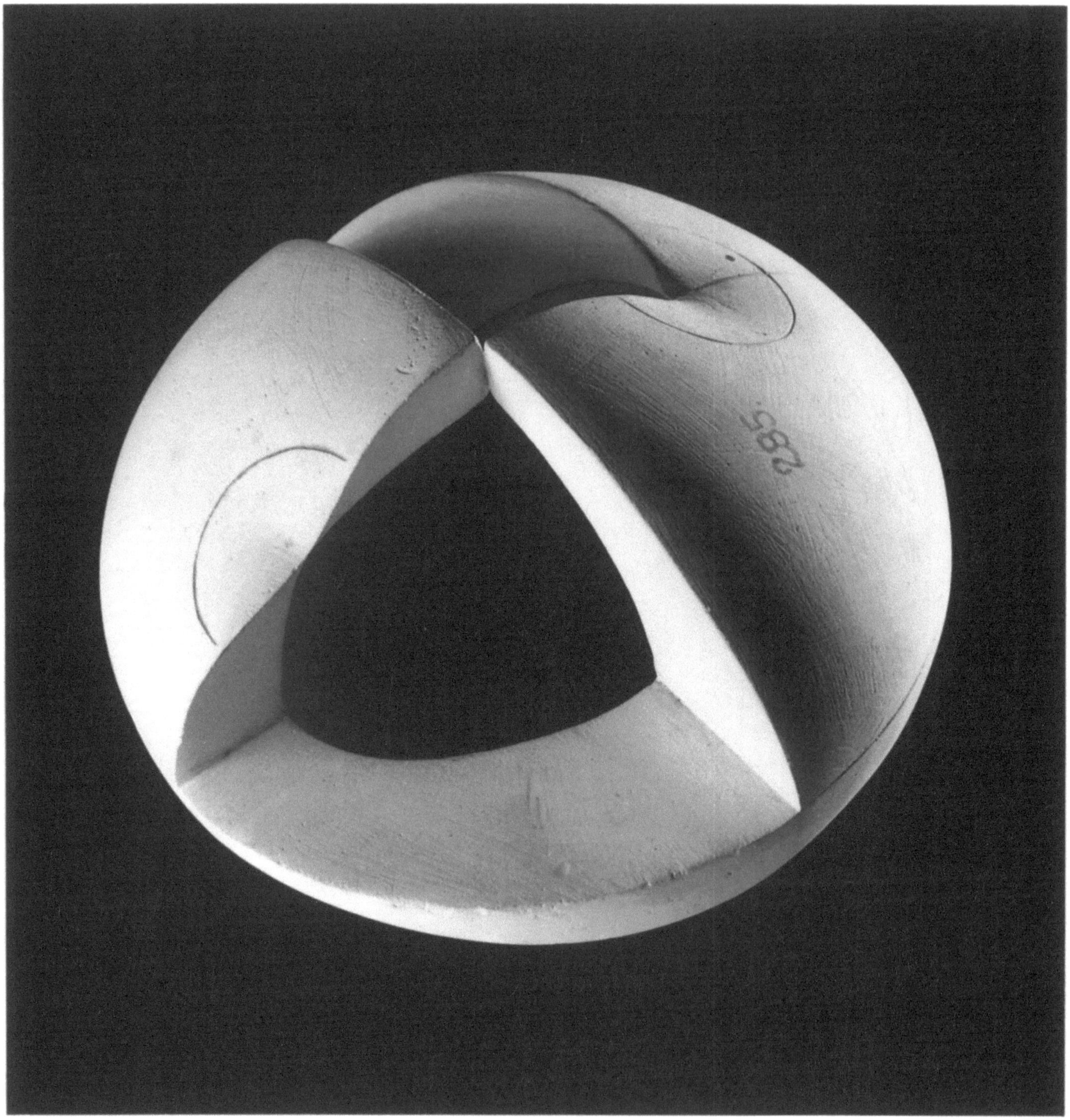

38 Fresnelsche Wellenfläche

Fresnel's wave surface

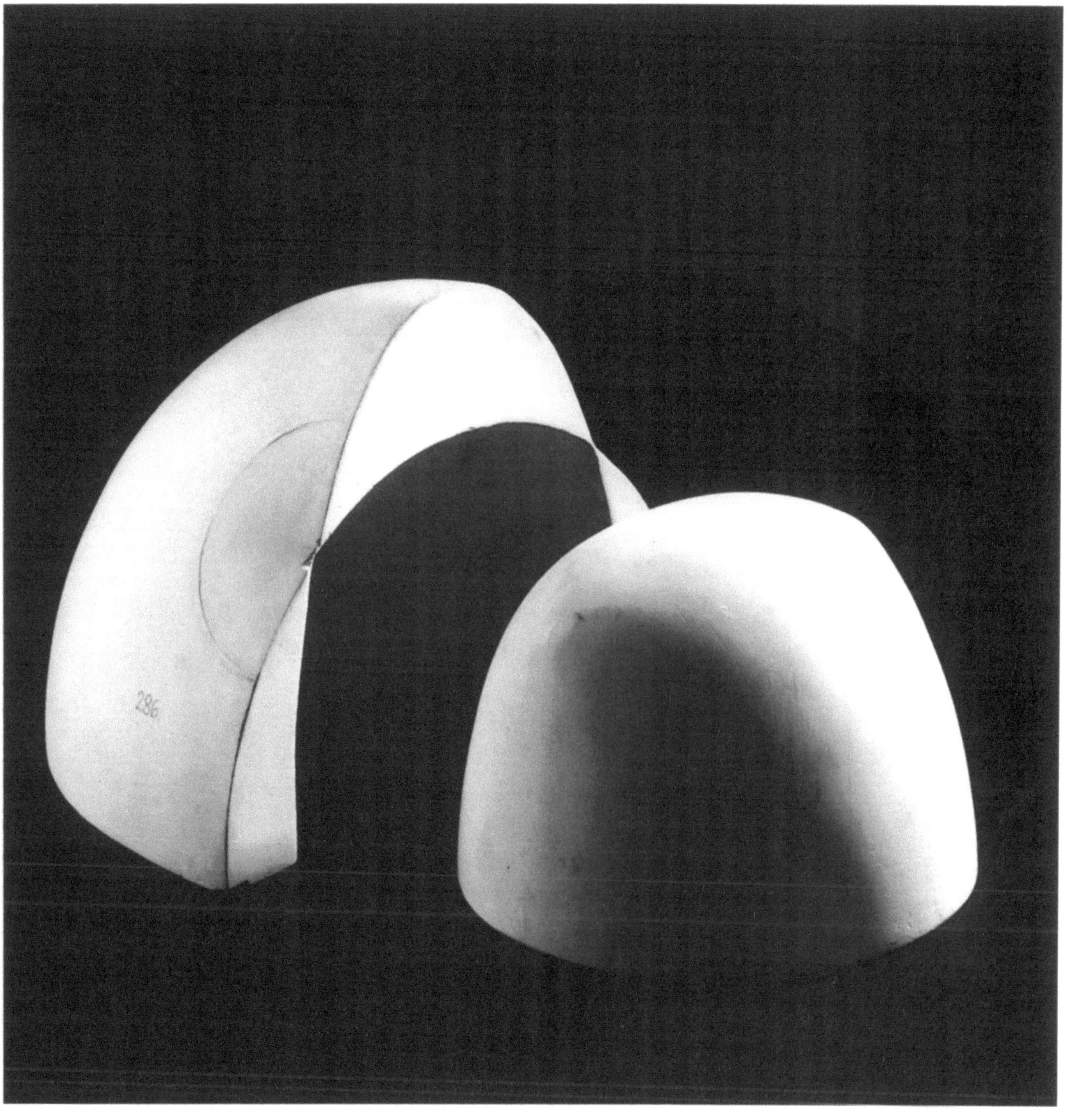

39 Fresnelsche Wellenfläche (aufgeschnitten)

Fresnel's wave surface (cut open)

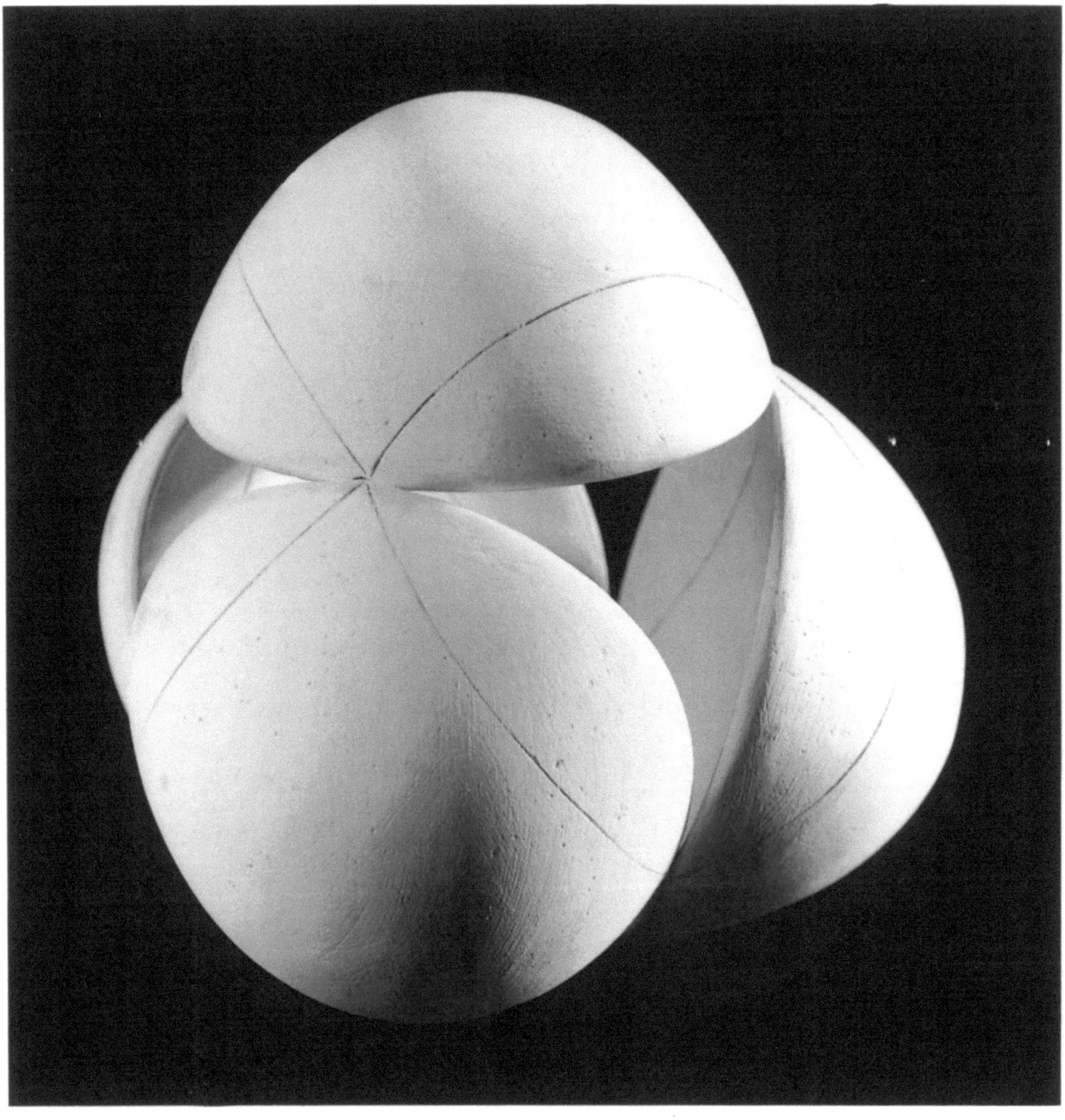

40 Quartik mit sechs Doppelpunkten A_3

Quartic with six A_3 double points

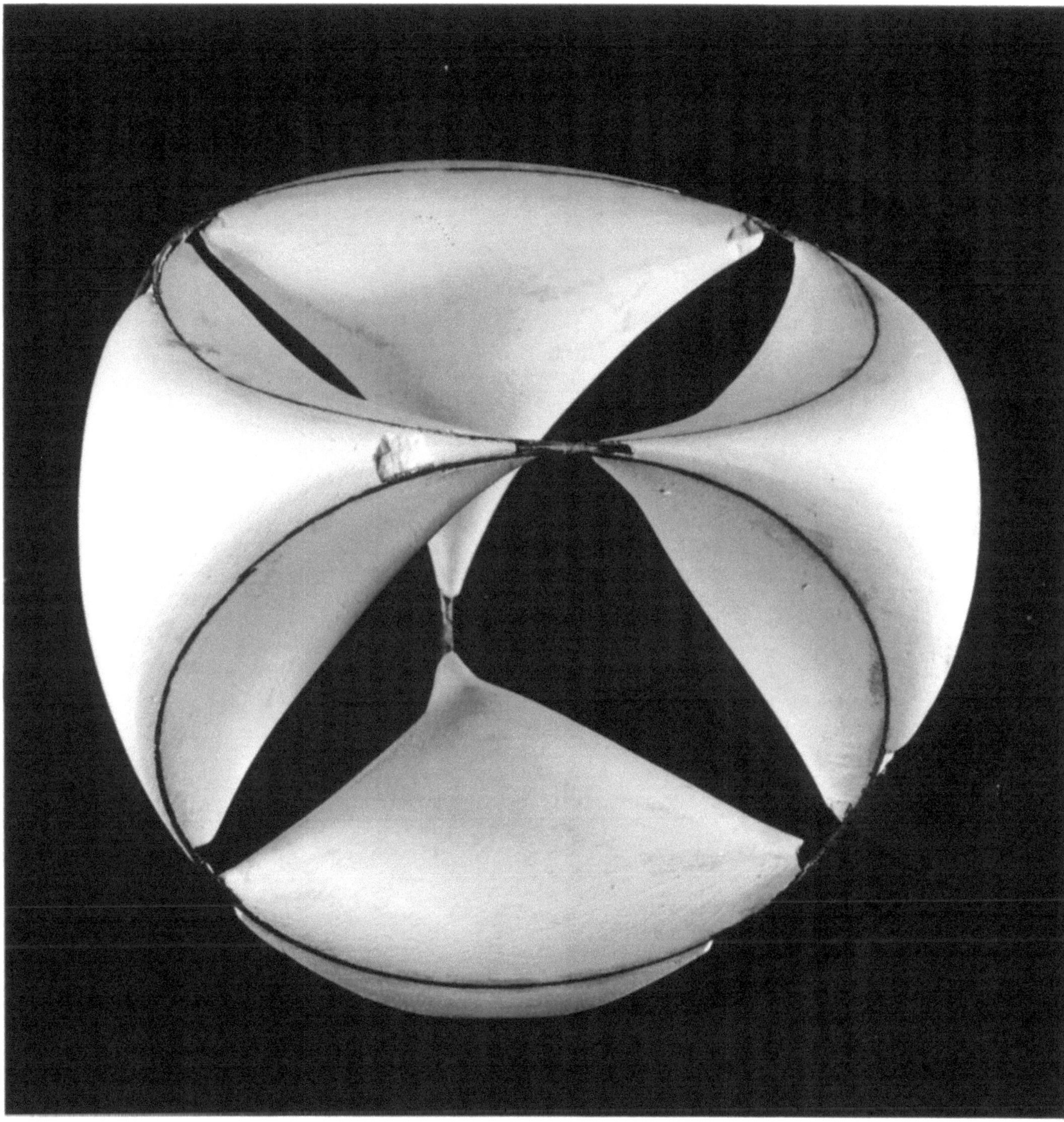

41 Quartik mit sechs Doppelpunkten A_3 (andere reelle Formen der Singularität)

Quartic with six A_3 double points (other real form of the singularity)

42 Steinersche Römerfläche

Steiner's Roman surface

4

43 dieselbe Fläche aus einer anderen Richtung

different view of the same surface

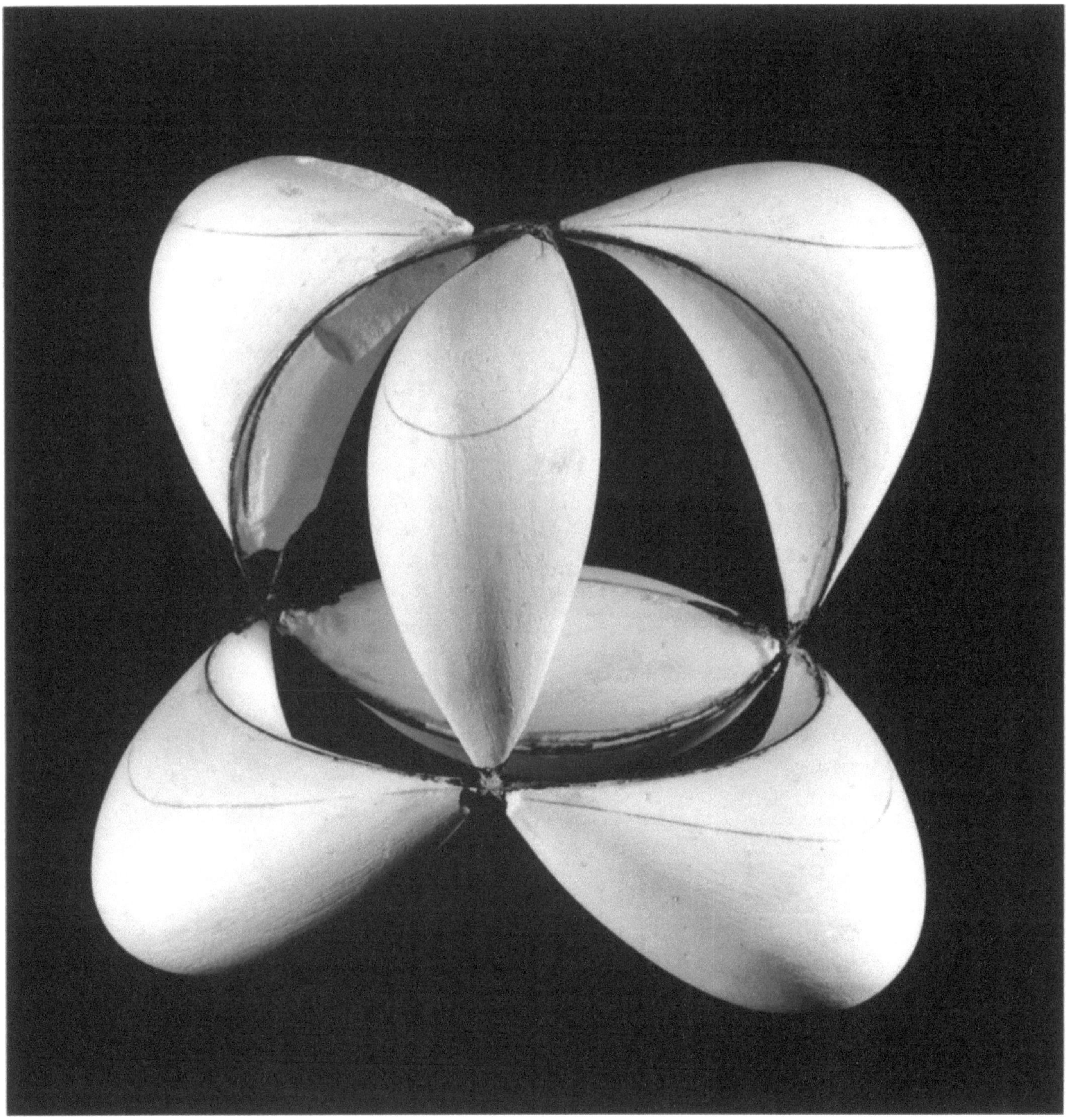

46 Quartik mit vier Doppelpunkten D_4

Quartic with four D_4 double points

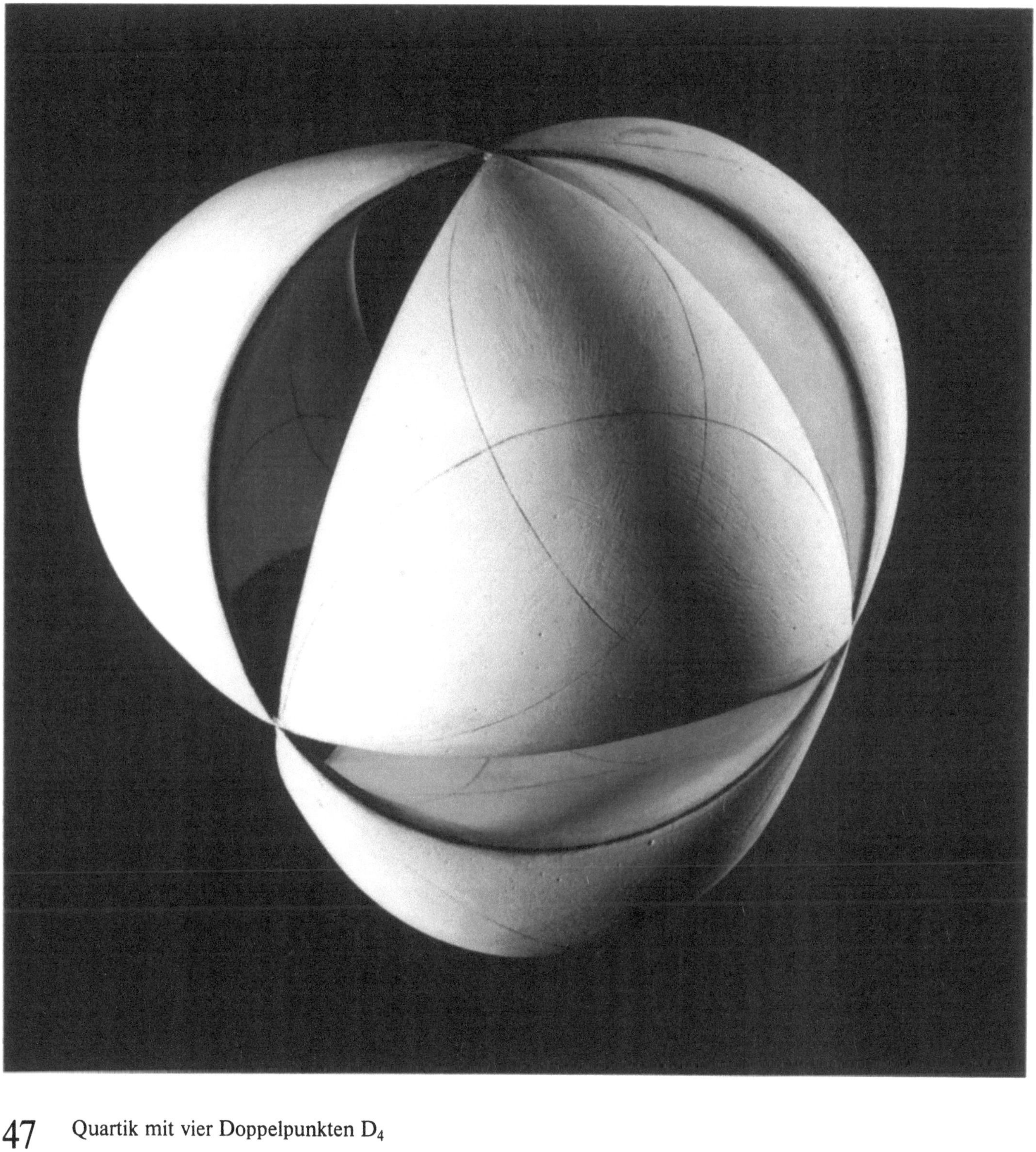

47 Quartik mit vier Doppelpunkten D_4

Quartic with four D_4 double points

48 Quartik mit der Symmetrie eines Würfels

Quartic with cubic symmetry

49 Quartik mit 12 Doppelpunkten A_1, davon drei auf der unendlichen fernen Ebene

Quartic with 12 A_1 double points, three at infinity

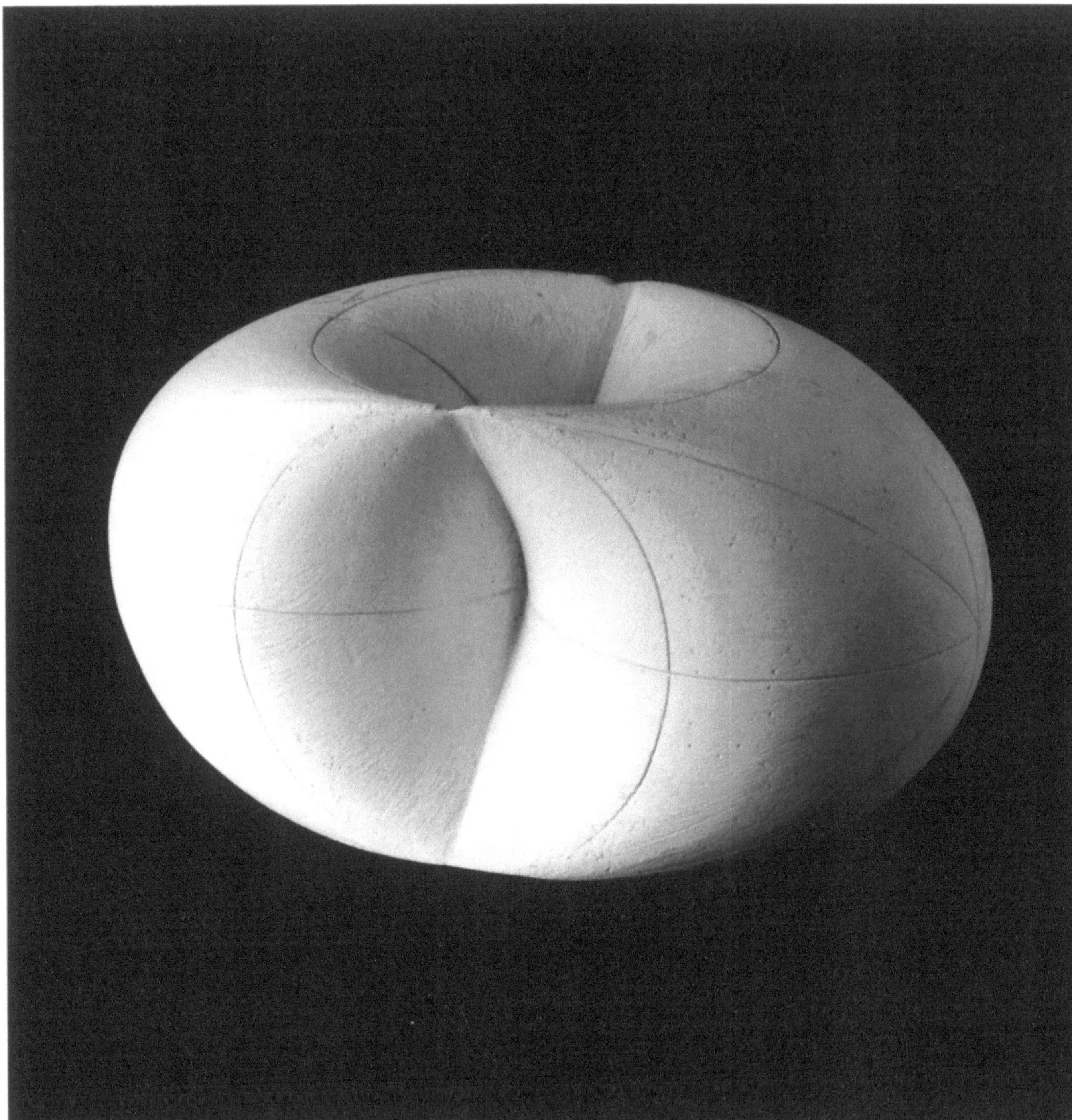

50 Das Böhmische Gewölbe

Bohemian dome

51 Cassinische Fläche

Cassini surface

52 Quartik, aufklappbares Modell

Quartic, hinged model

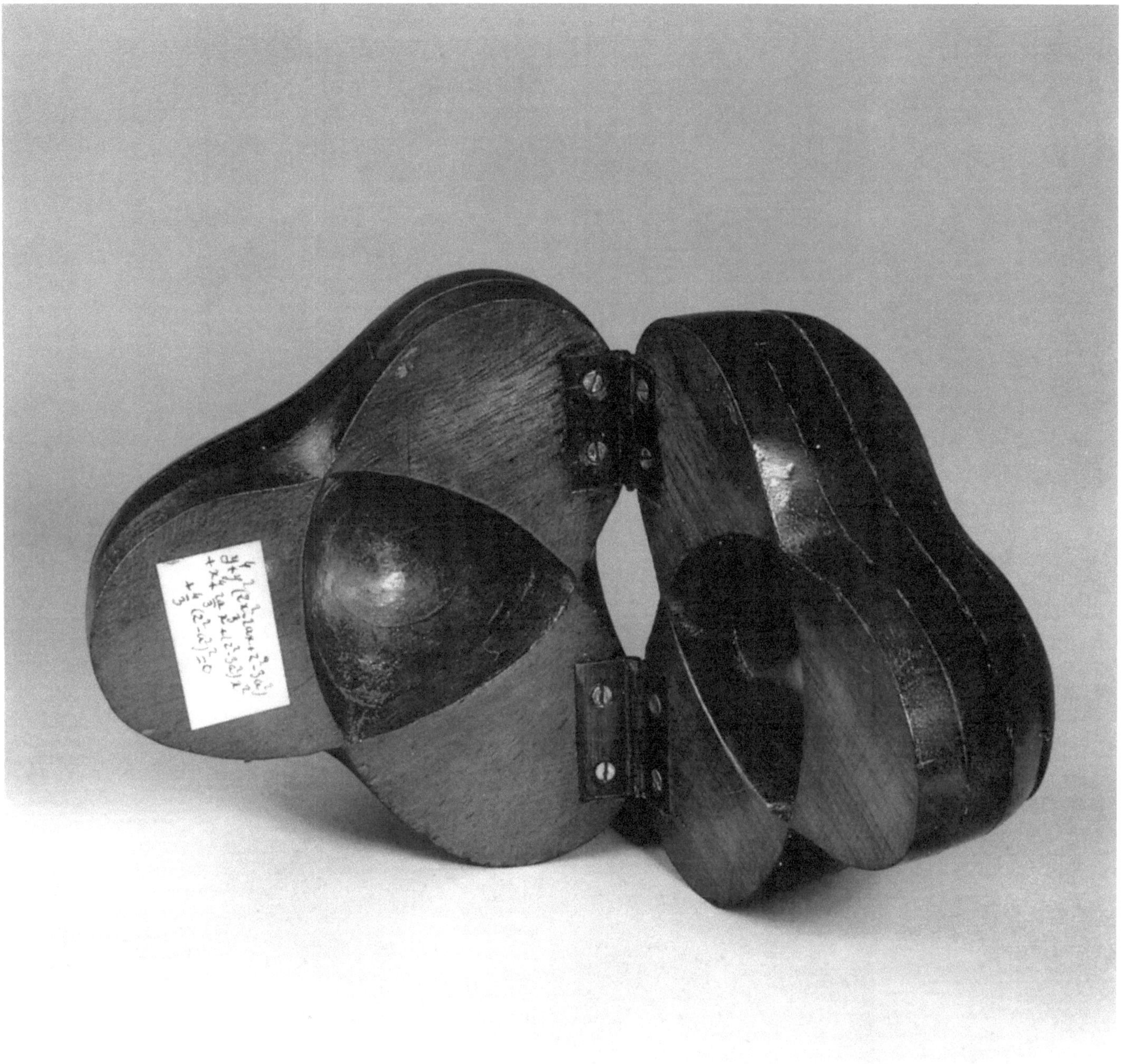

53 dasselbe Modell, aufgeklappt

same model, opened

54 Quartik, aufklappbares Modell

Quartic, hinged model

55 dasselbe Modell, aufgeklappt

same model, opened

56 Quartik mit zwei Doppelpunkten A_2 und einem Doppelpunkt A_1

Quartic with two A_2 and one A_1 double point

Kapitel 3
Differentialgeometrie

Chapter 3
Differential Geometry

Obgleich die Geometer sich viel mit allgemeinen Untersuchungen über die krummen Flächen beschäftigt haben, und ihre Resultate einen bedeutenden Theil des Gebiets der höhern Geometrie ausmachen, so ist doch dieser Gegenstand noch so weit davon entfernt, erschöpft zu sein, dass man vielmehr behaupten kann, es sei bisher nur erst ein kleiner Theil eines höchst fruchtbaren Feldes angebauet.

CARL FRIEDRICH GAUSS
Anzeige der Arbeit
Disquisitiones generales circa superficies curvas
Göttingische gelehrte Anzeigen, 5.11.1827

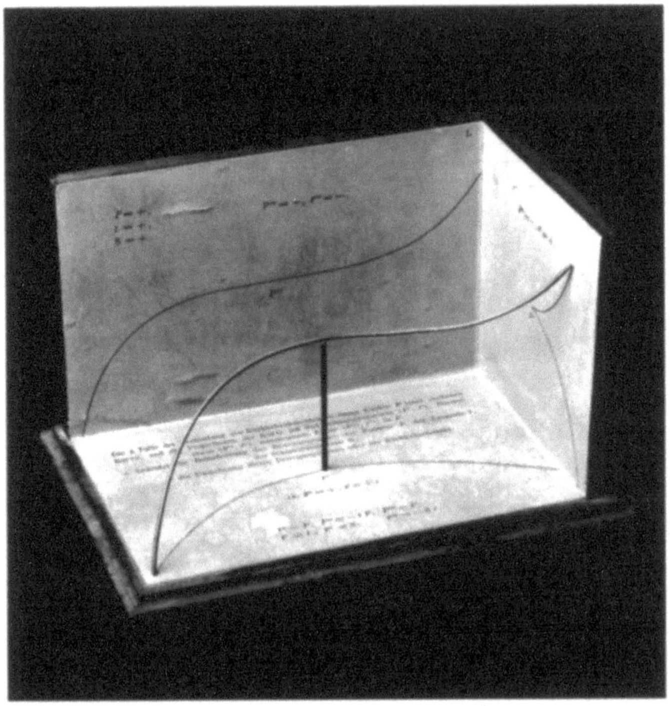

57 Raumkurve 1, Typ +++

Space curve 1, type +++

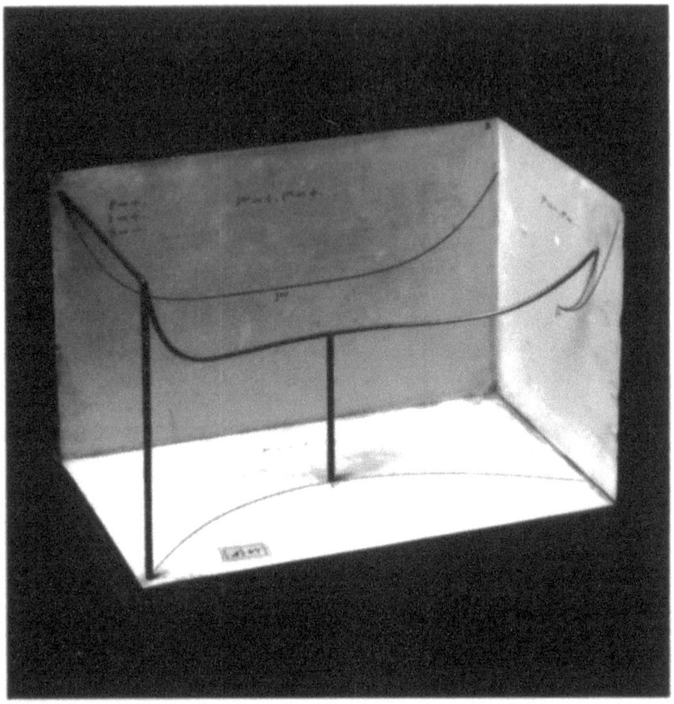

58 Raumkurve 2, Typ ++−

Space curve 2, type ++−

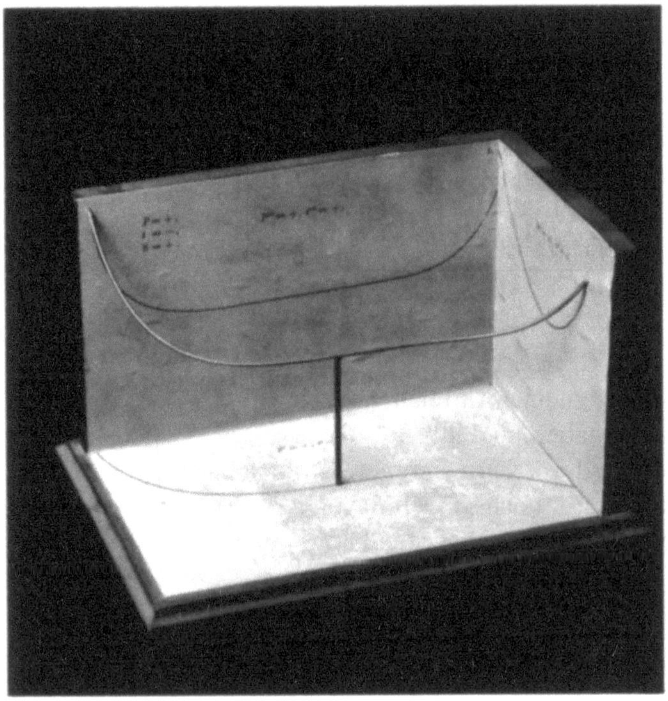

59 Raumkurve 3, Typ +−+

Space curve 3, type +−+

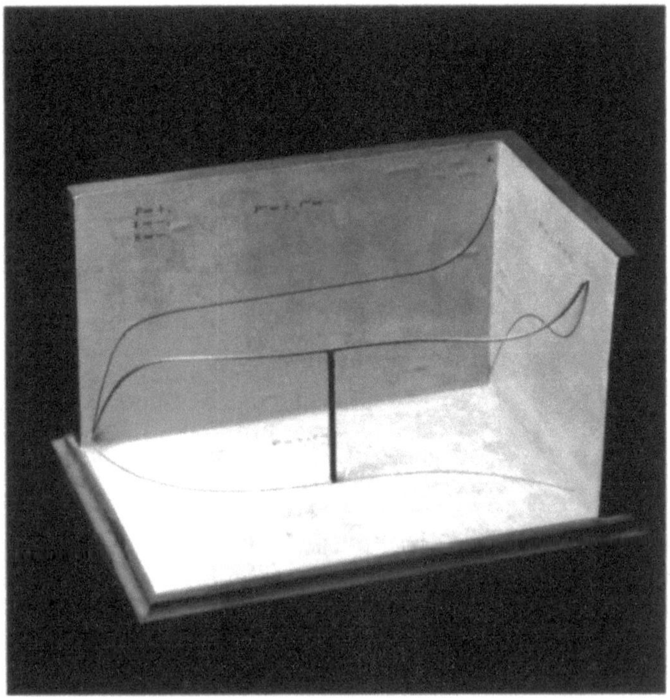

60 Raumkurve 4, Typ +−−

Space curve 4, type +−−

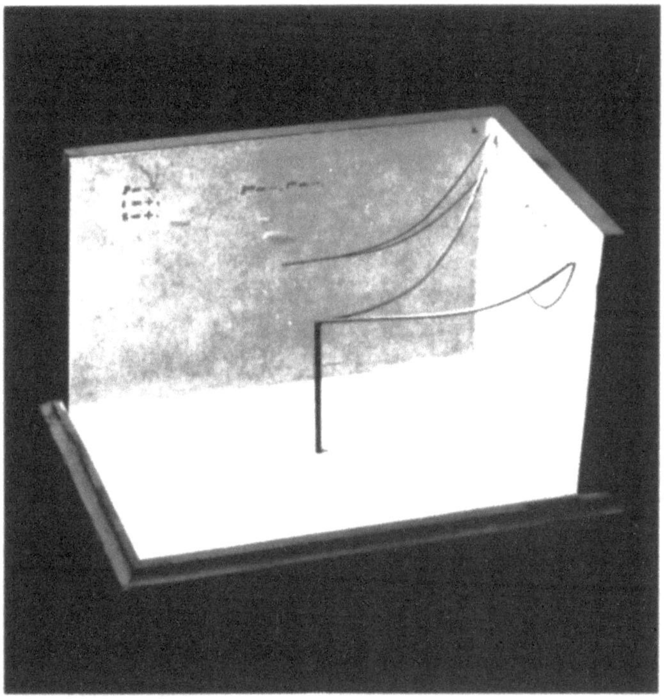

61 Raumkurve 5, Typ −++
Space curve 5, type −++

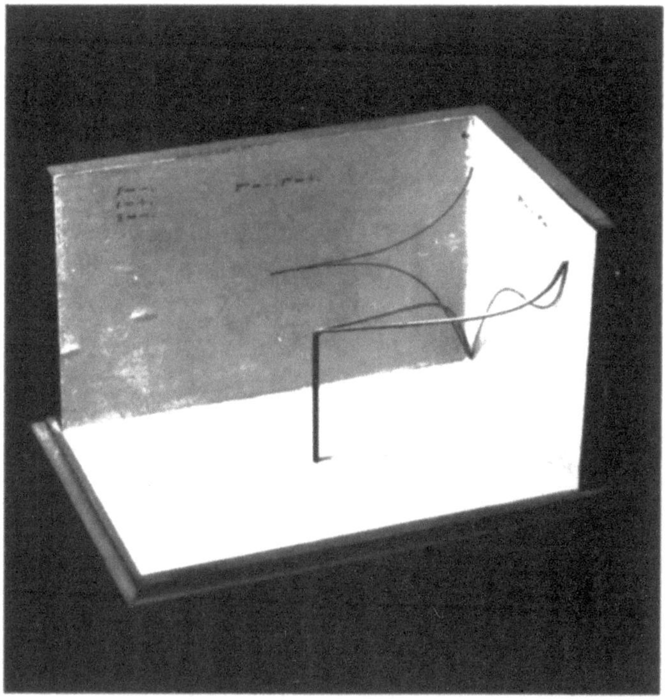

62 Raumkurve 6, Typ −+−
Space curve 6, type −+−

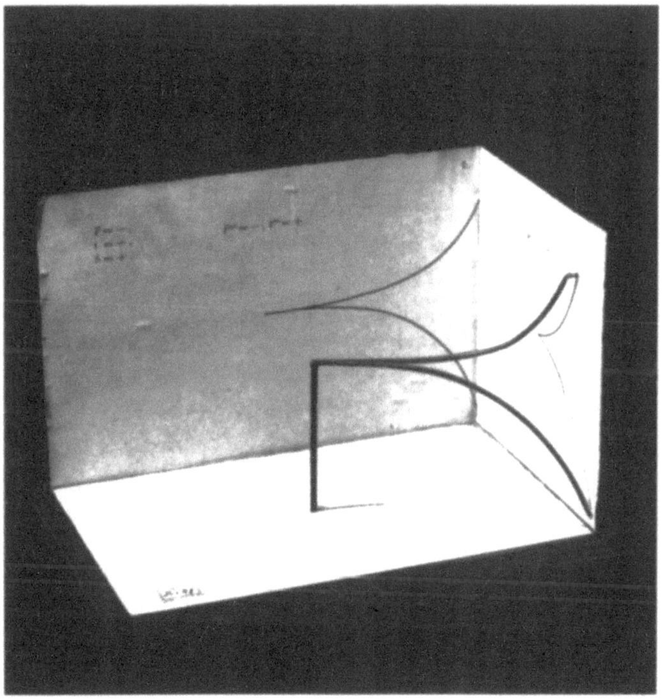

63 Raumkurve 7, Typ −−+
Space curve 7, type −−+

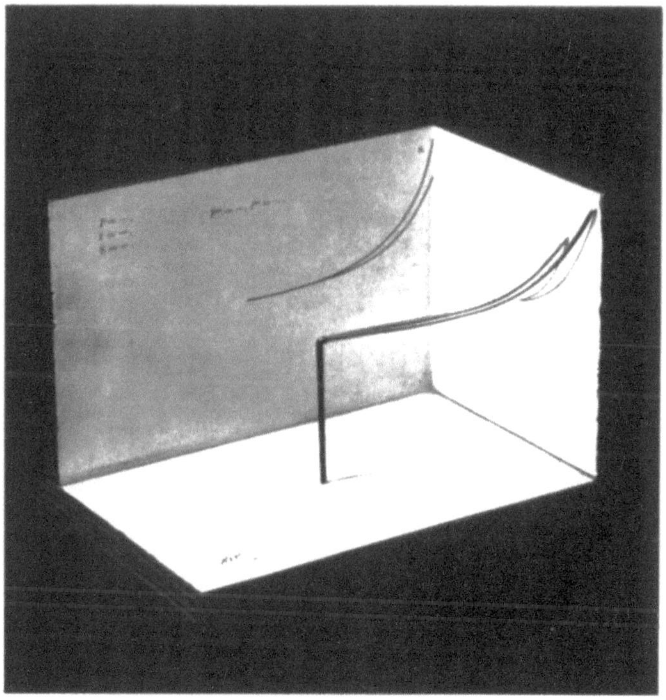

64 Raumkurve 8, Typ −−−
Space curve 8, type −−−

65 Dreiachsiges Ellipsoid

Three-axial ellipsoid

66 Elliptisches Paraboloid

Elliptic paraboloid

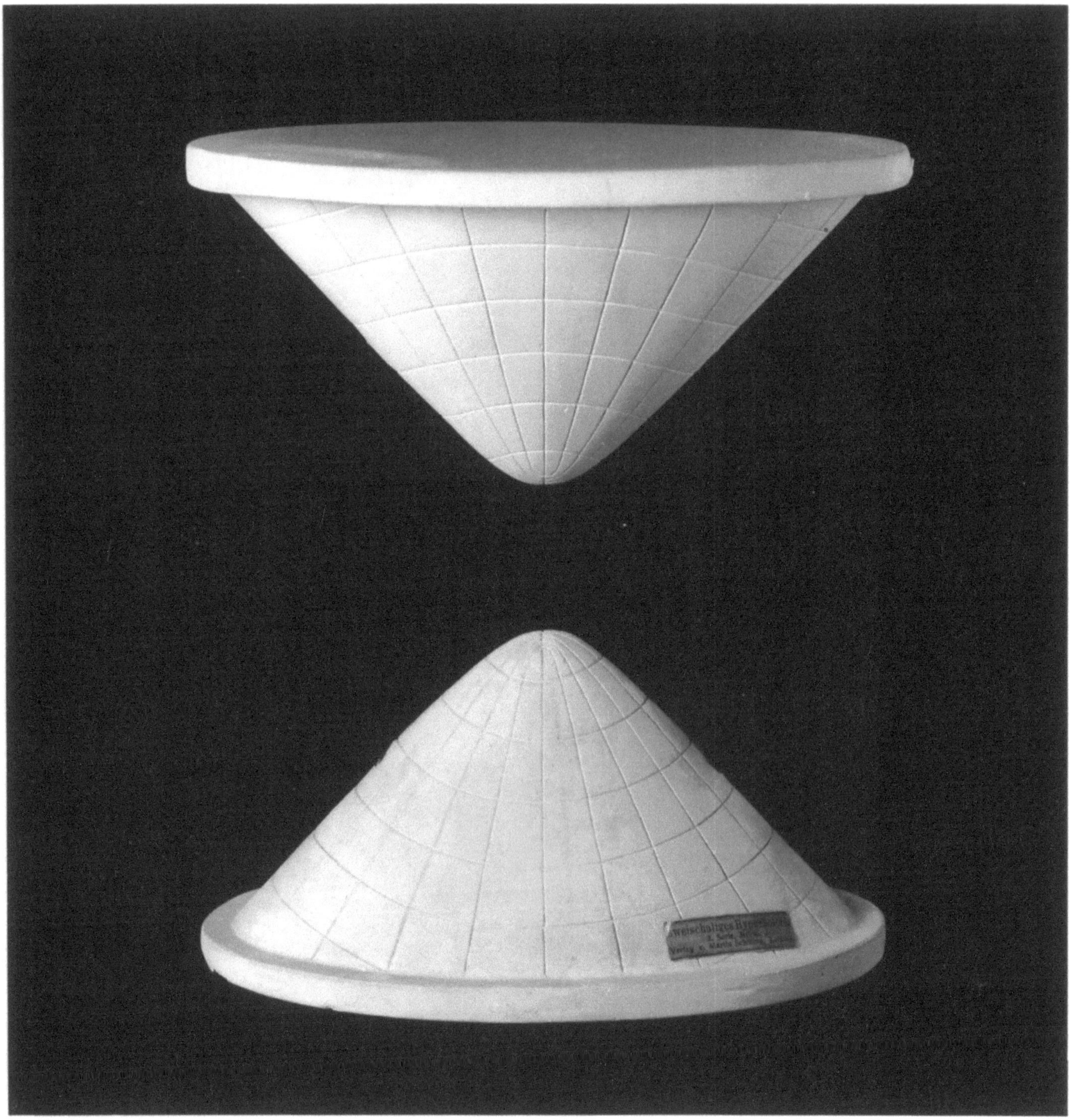

67 Zweischaliges Hyperboloid

Two-sheeted hyperboloid

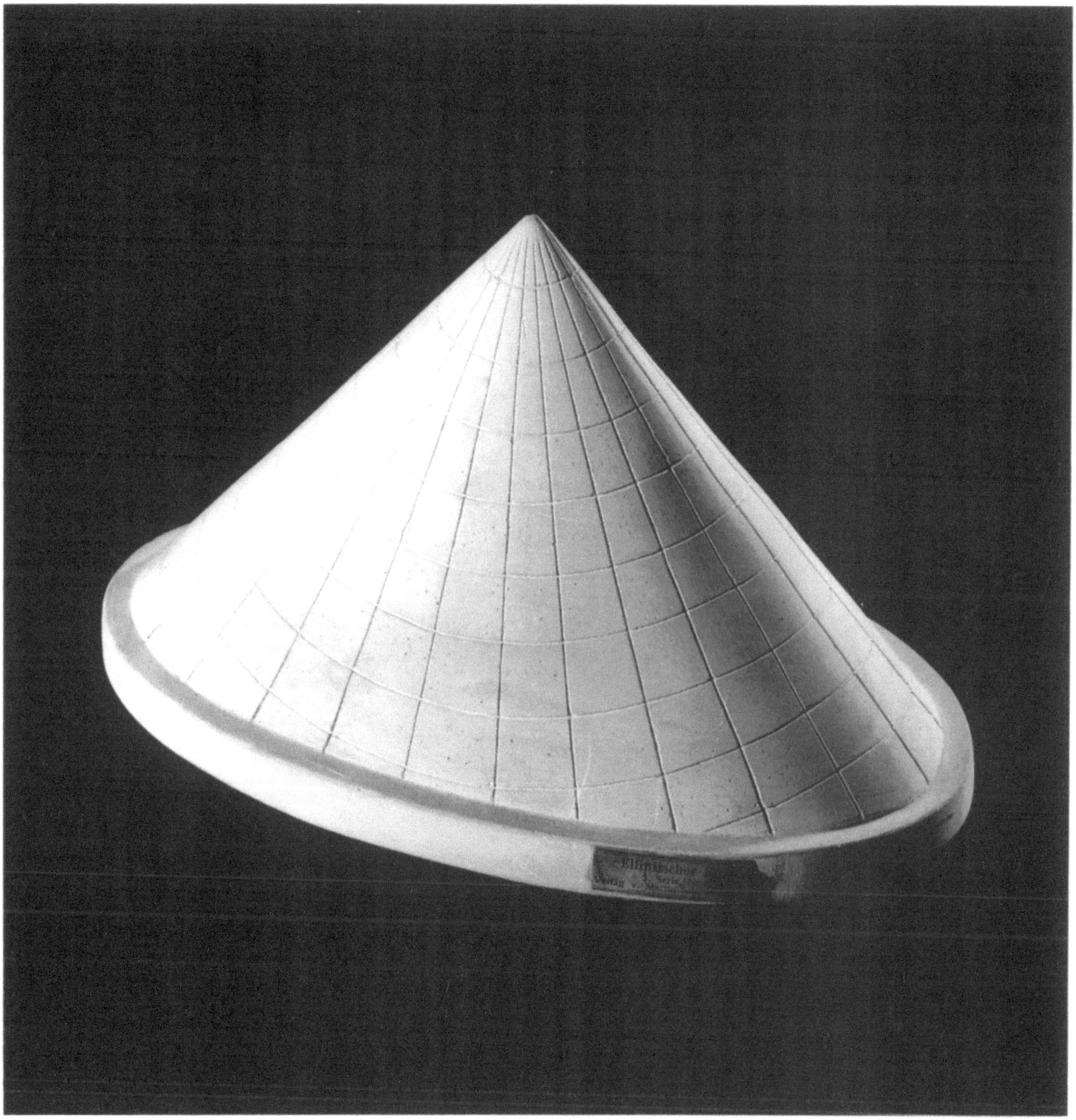

68 Elliptischer Kegel

Elliptic cone

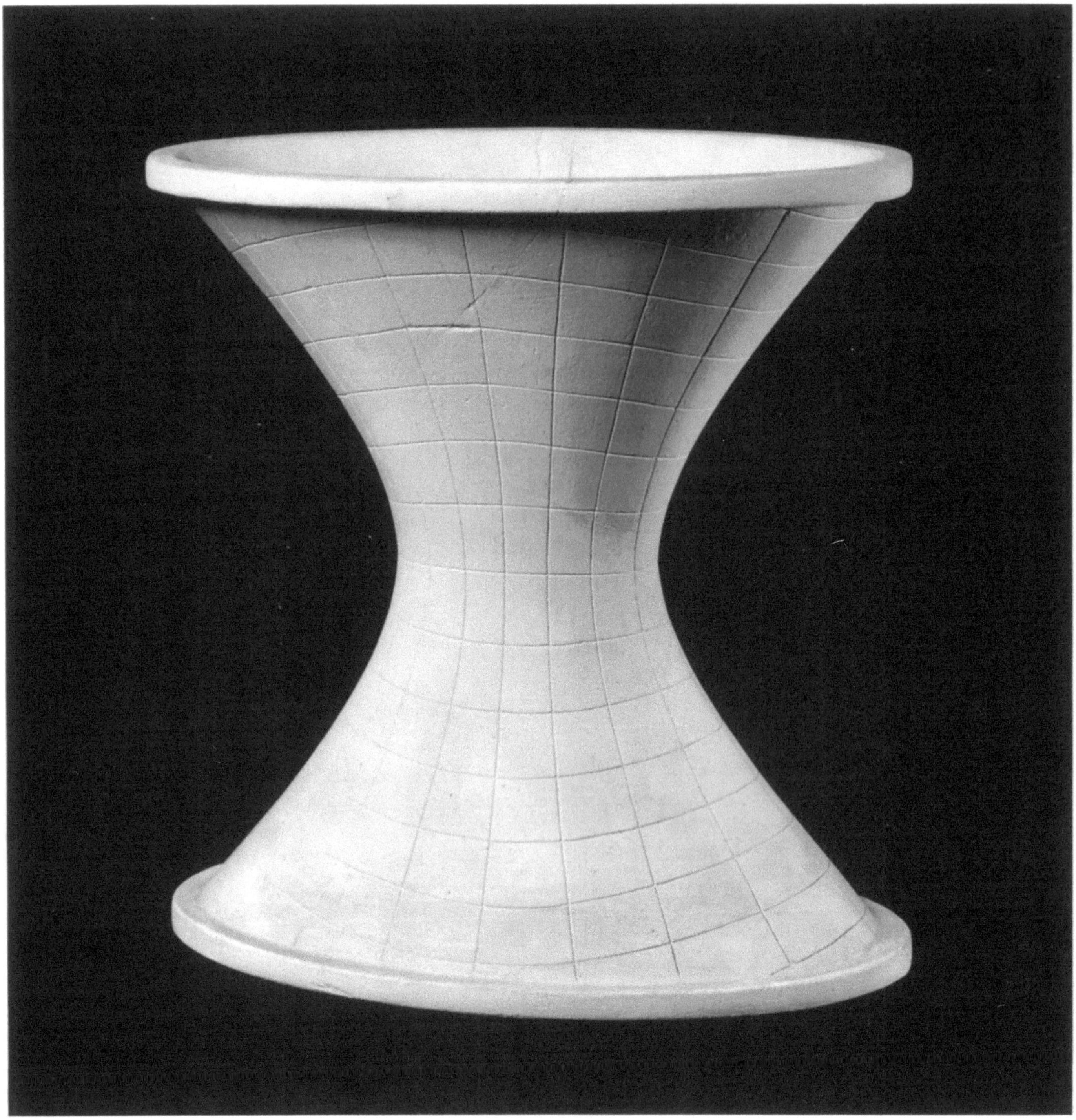

69 Einschaliges Hyperboloid

One-sheeted hyperboloid

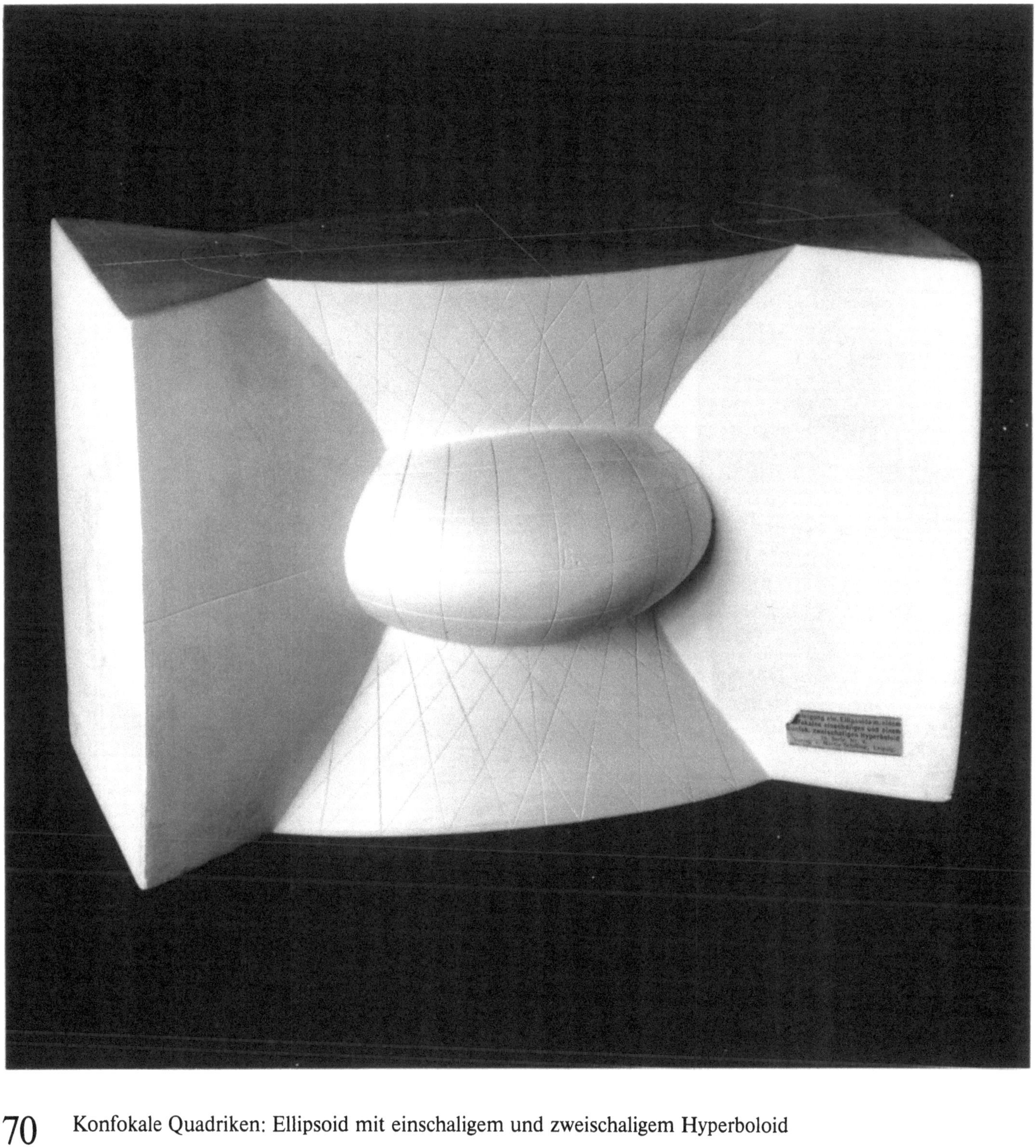

70 Konfokale Quadriken: Ellipsoid mit einschaligem und zweischaligem Hyperboloid

Confocal quadrics: ellipsoid with one-sheeted and two-sheeted hyperboloid

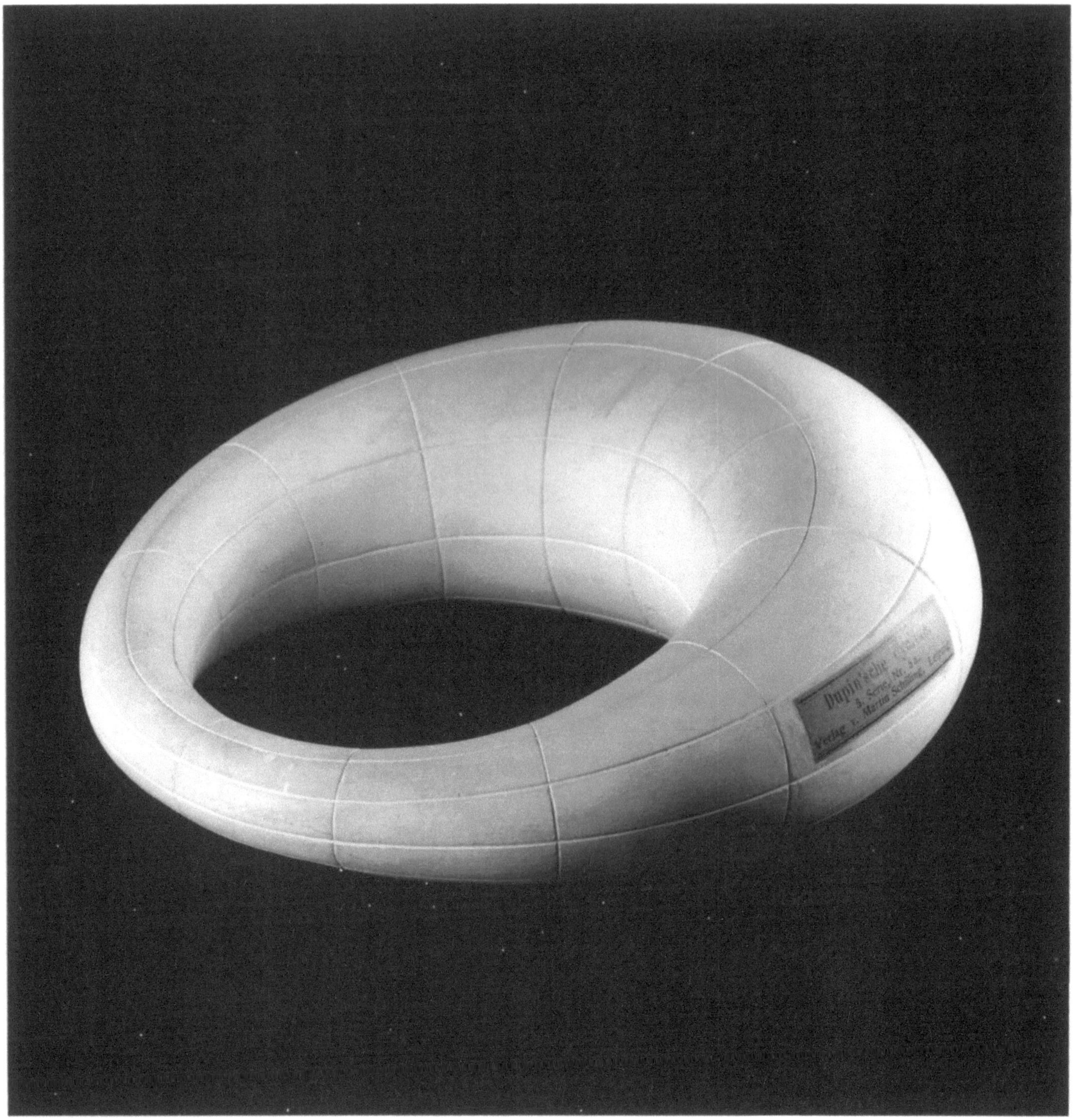

71 Ringzyklide

Ring cyclide

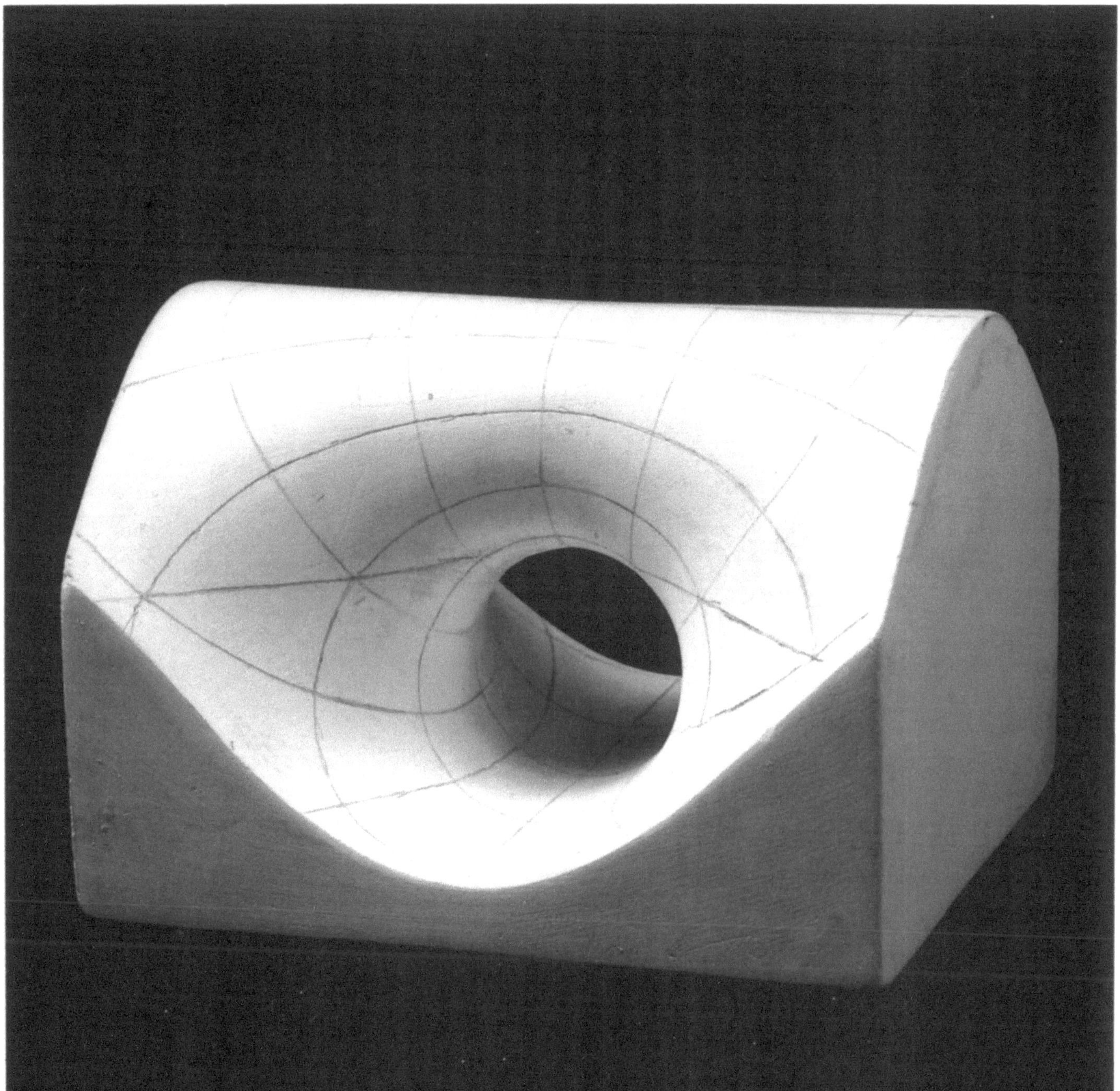

72 Parabolische Ringzyklide

Parabolic ring cyclide

73 Spindelzyklide

Spindle cyclide

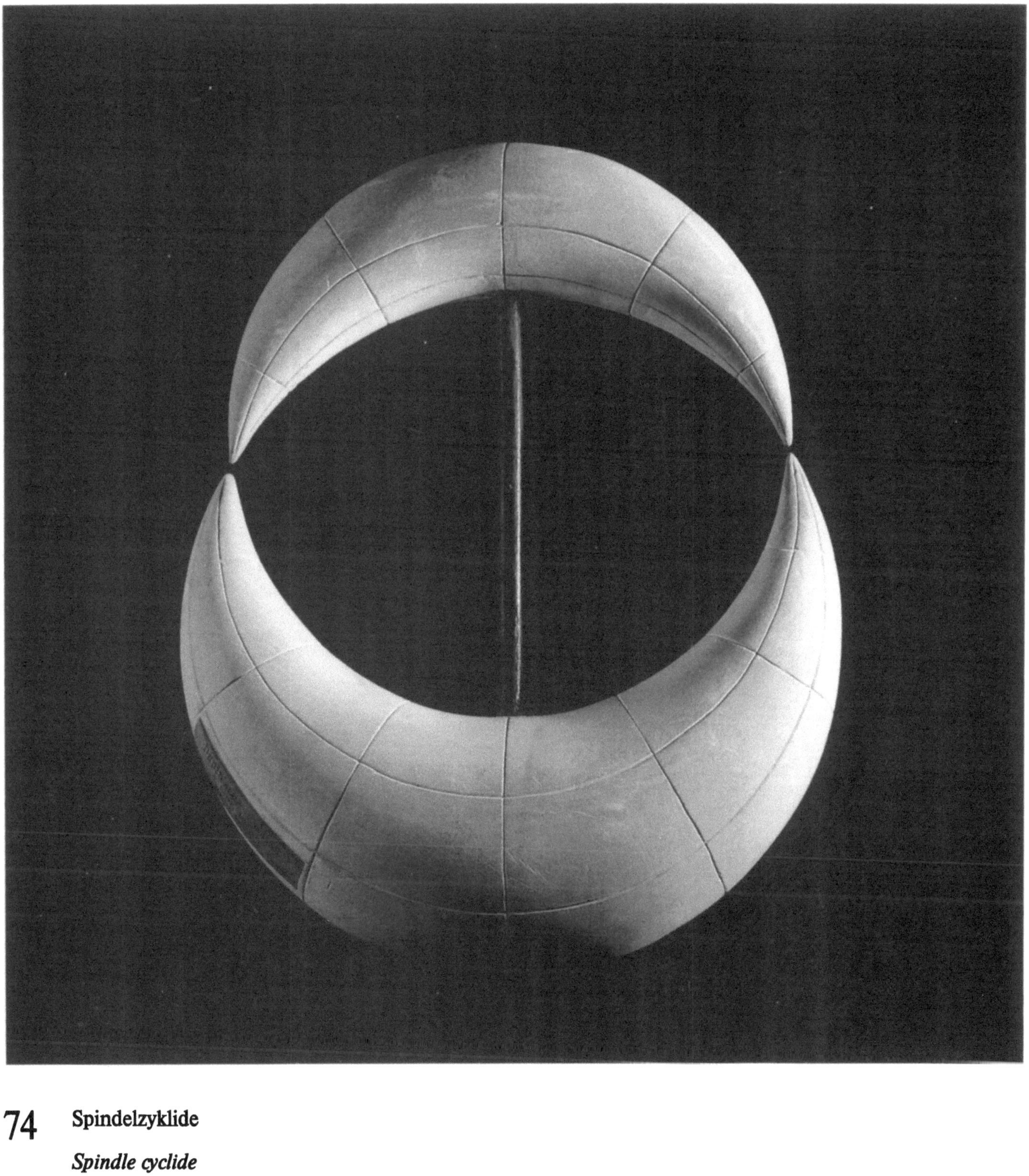

74 Spindelzyklide

Spindle cyclide

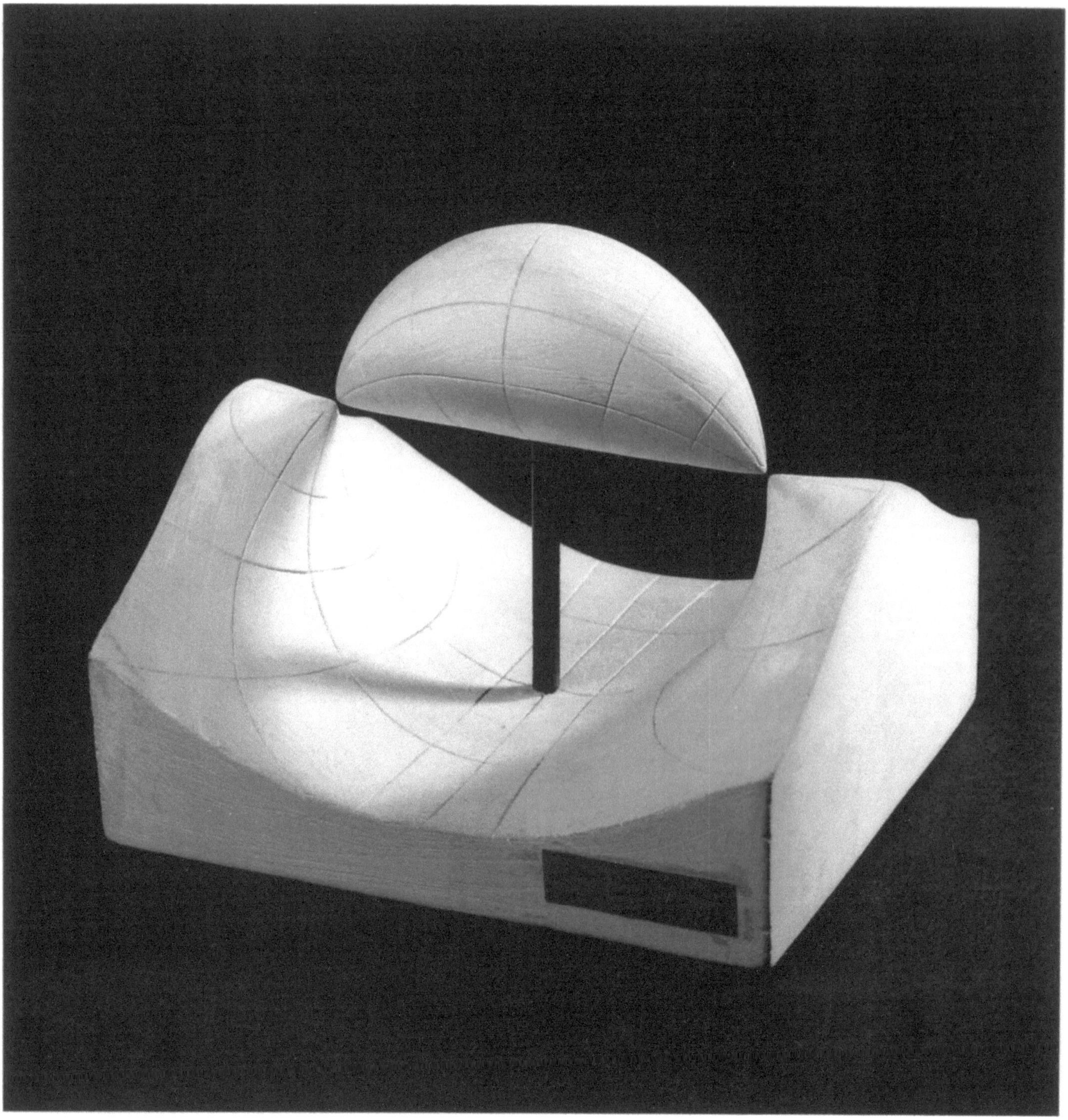

75 Parabolische Spindelzyklide

Parabolic spindle cyclide

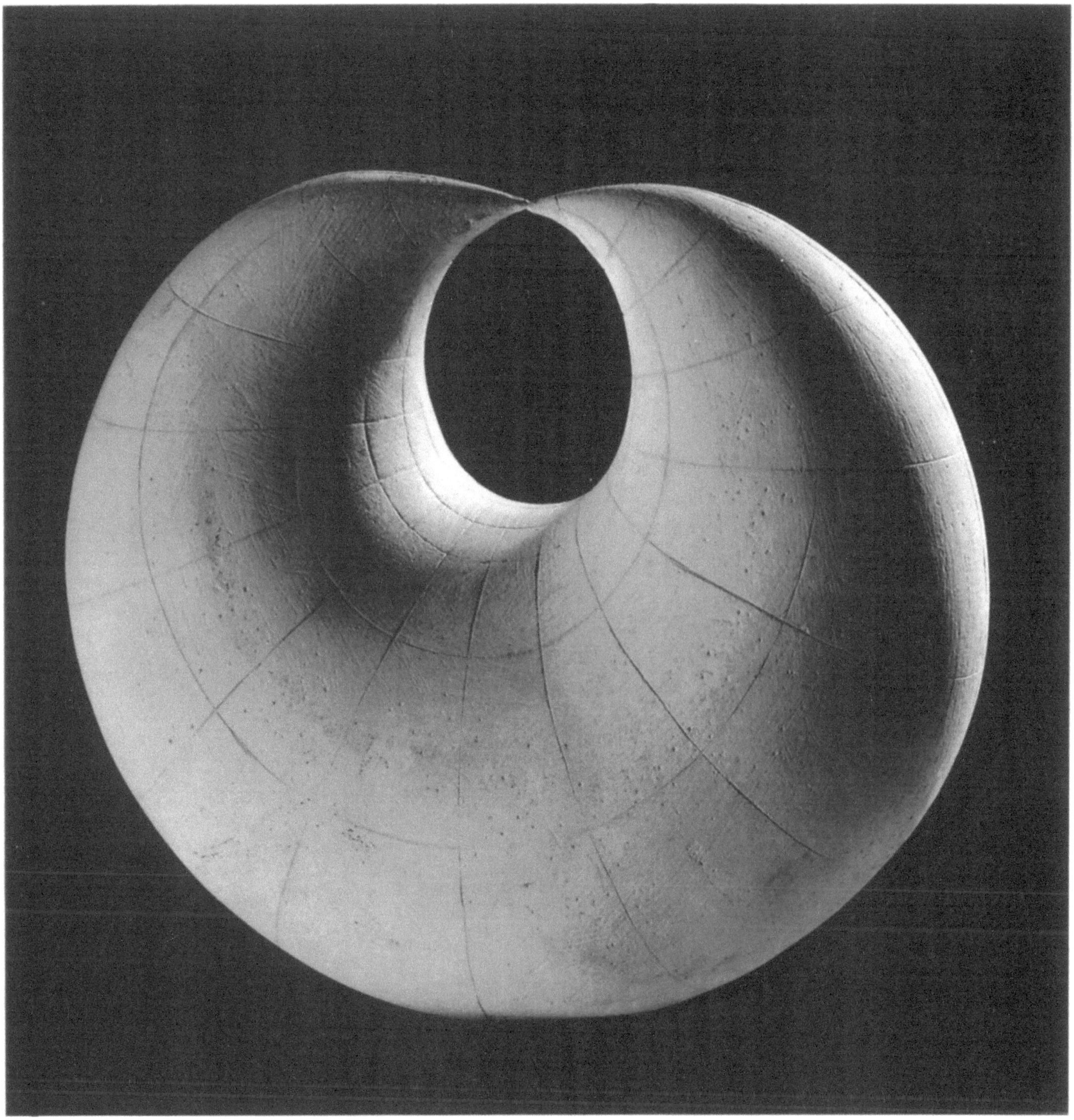

76 Hornzyklide

Horn cyclide

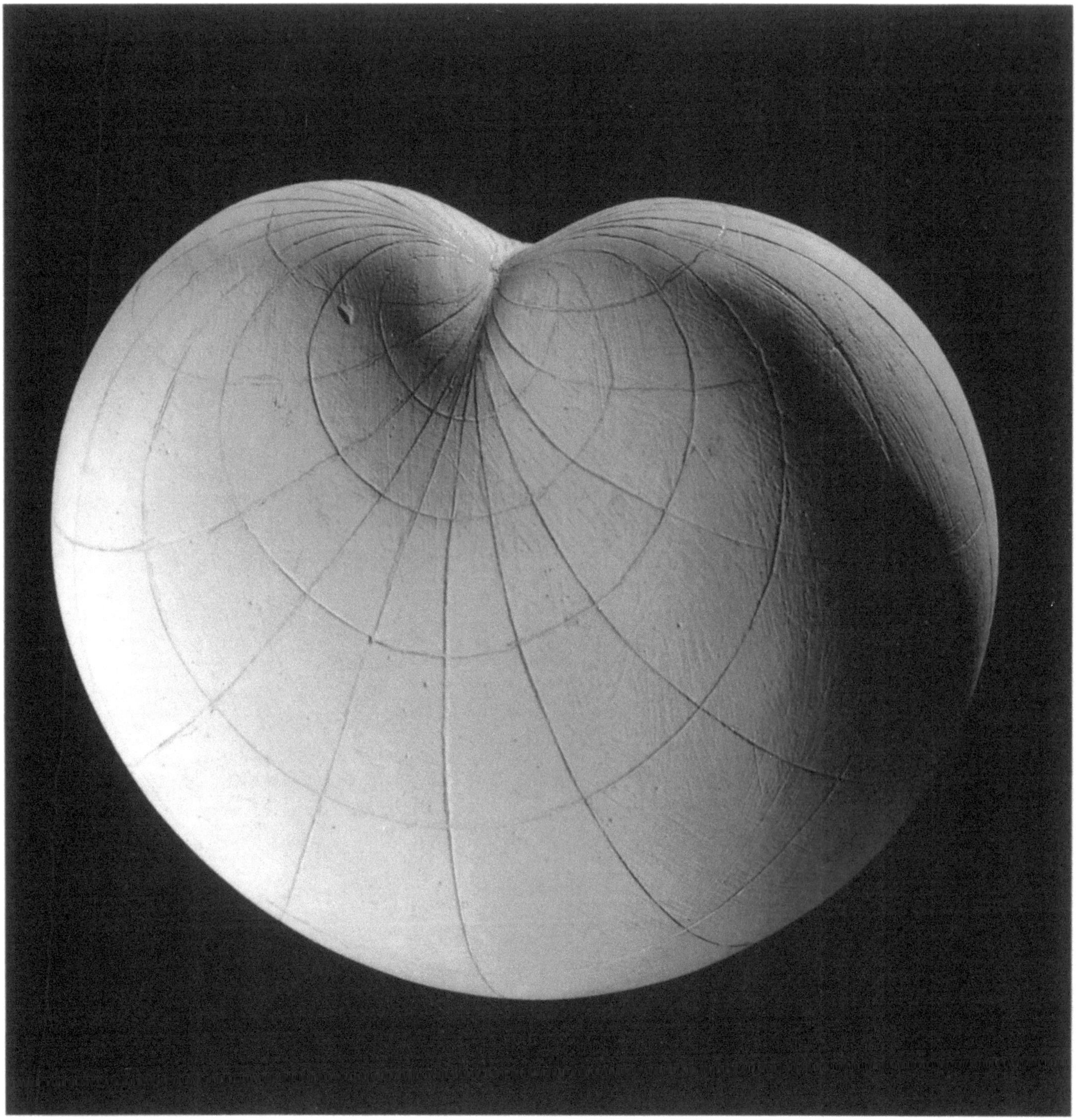

77 Zyklide

Cyclide

78 Apoll von Belvedere

Apollo Belvedere

79 Fläche konstanter positiver Krümmung vom Spindeltypus

Spindle-shaped surface of revolution of constant positive curvature

80 Fläche konstanter positiver Krümmung vom Wulsttypus

Bulge-shaped surface of revolution of constant positive curvature

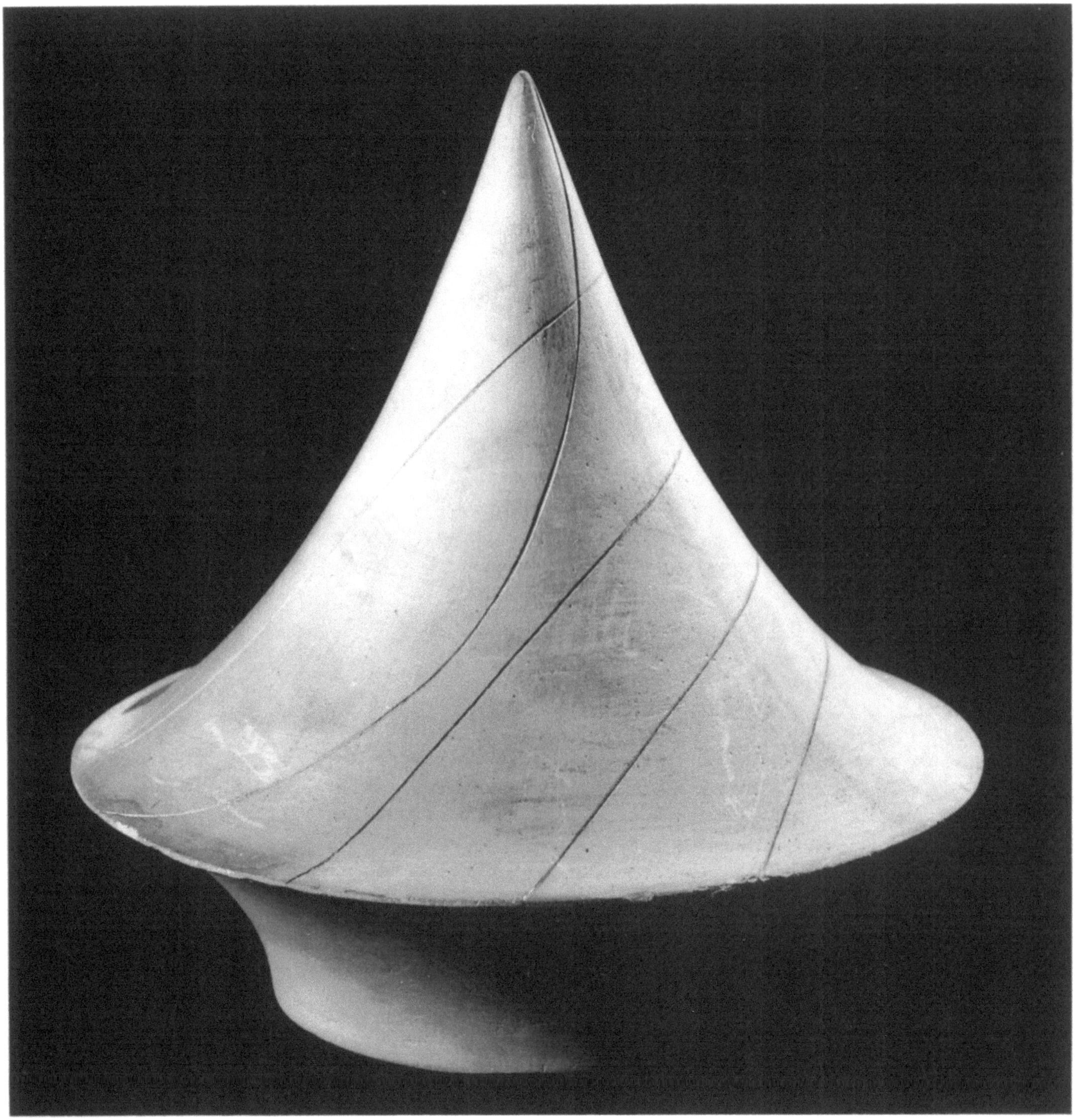

81 Fläche konstanter negativer Krümmung vom Kegeltypus

Surface of revolution of constant negative curvature, conic type

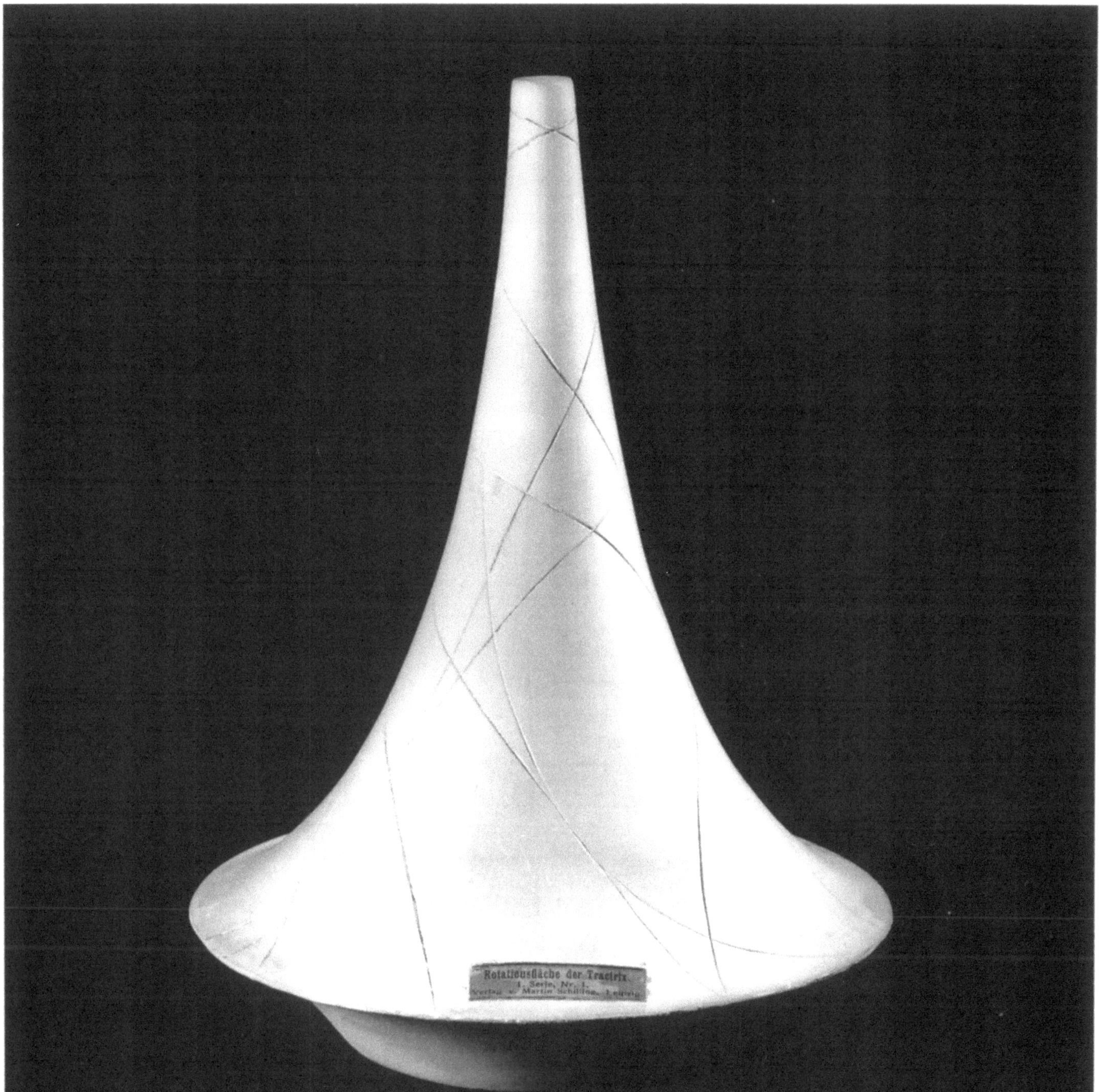

82 Pseudosphäre

Pseudosphere

83 Fläche konstanter negativer Krümmung vom Hyperboloidtypus

Surface of revolution of constant negative curvature, hyperboloid type

84 Schraubenfläche konstanter positiver Krümmung

Generalized helicoid of constant positive curvature

85 Schraubenfläche konstanter negativer Krümmung

Generalized helicoid of constant negative curvature

86 Kuensche Fläche

Kuen's surface

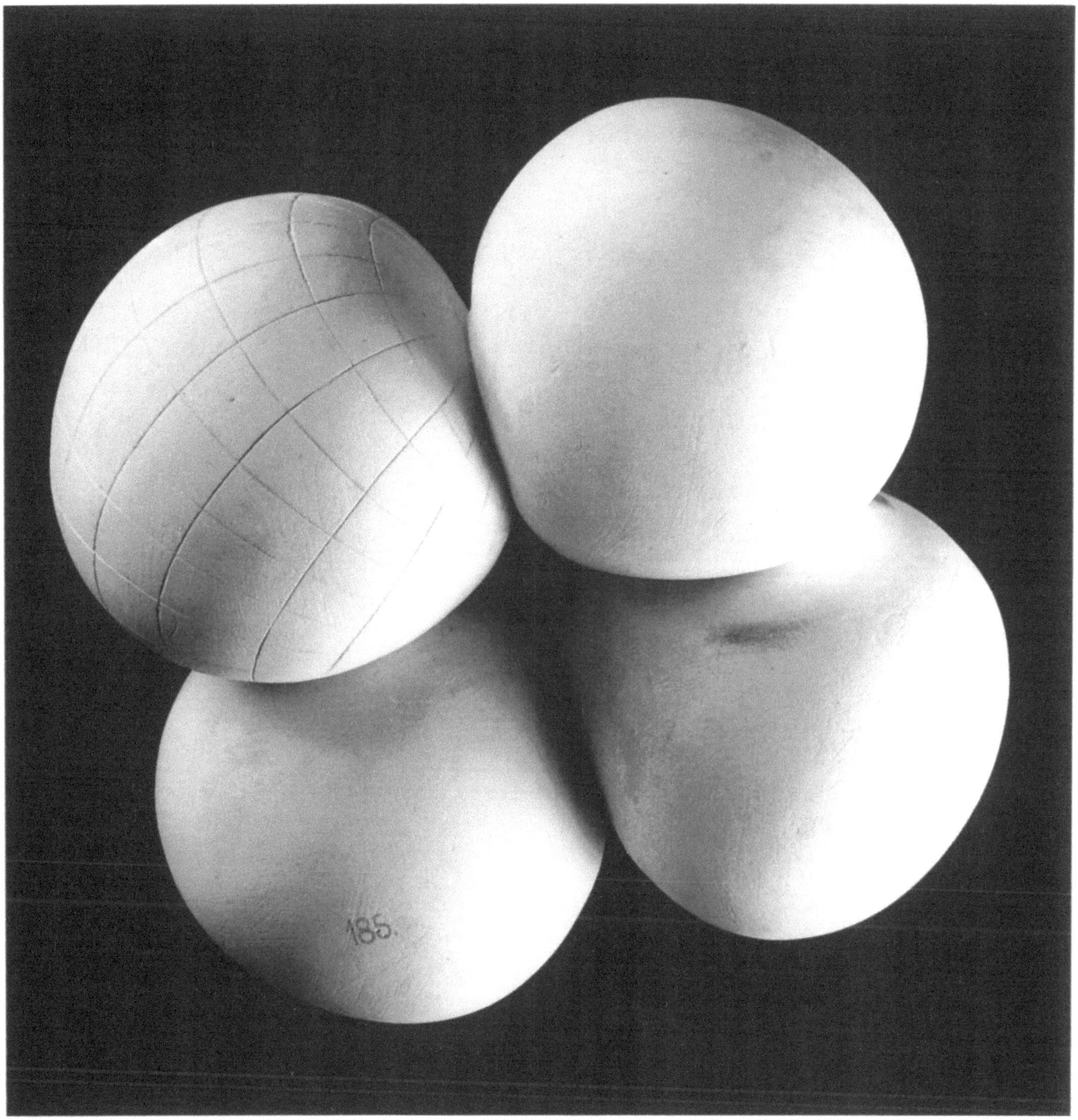

87 Sievertsche Fläche

Sievert's surface

88 Rembssche Fläche

Rembs' surface

89 Auf ein Rotationsellipsoid abwickelbare Schraubenfläche

Generalized helicoid, developable onto an ellipsoid of revolution

90 Katenoid (Rotationsfläche der Kettenlinie)

Catenoid

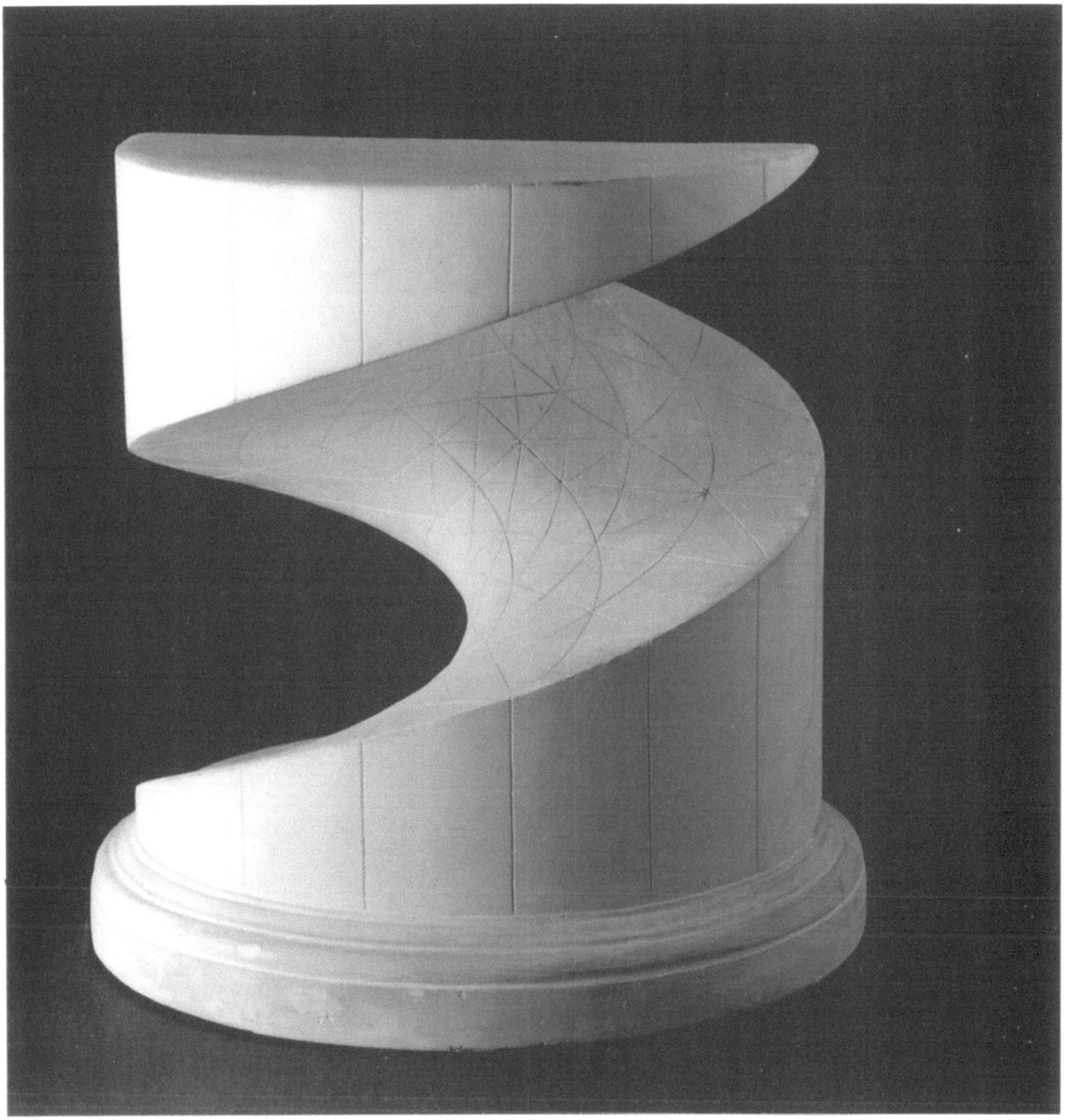

91 Wendelfläche

Helicoid

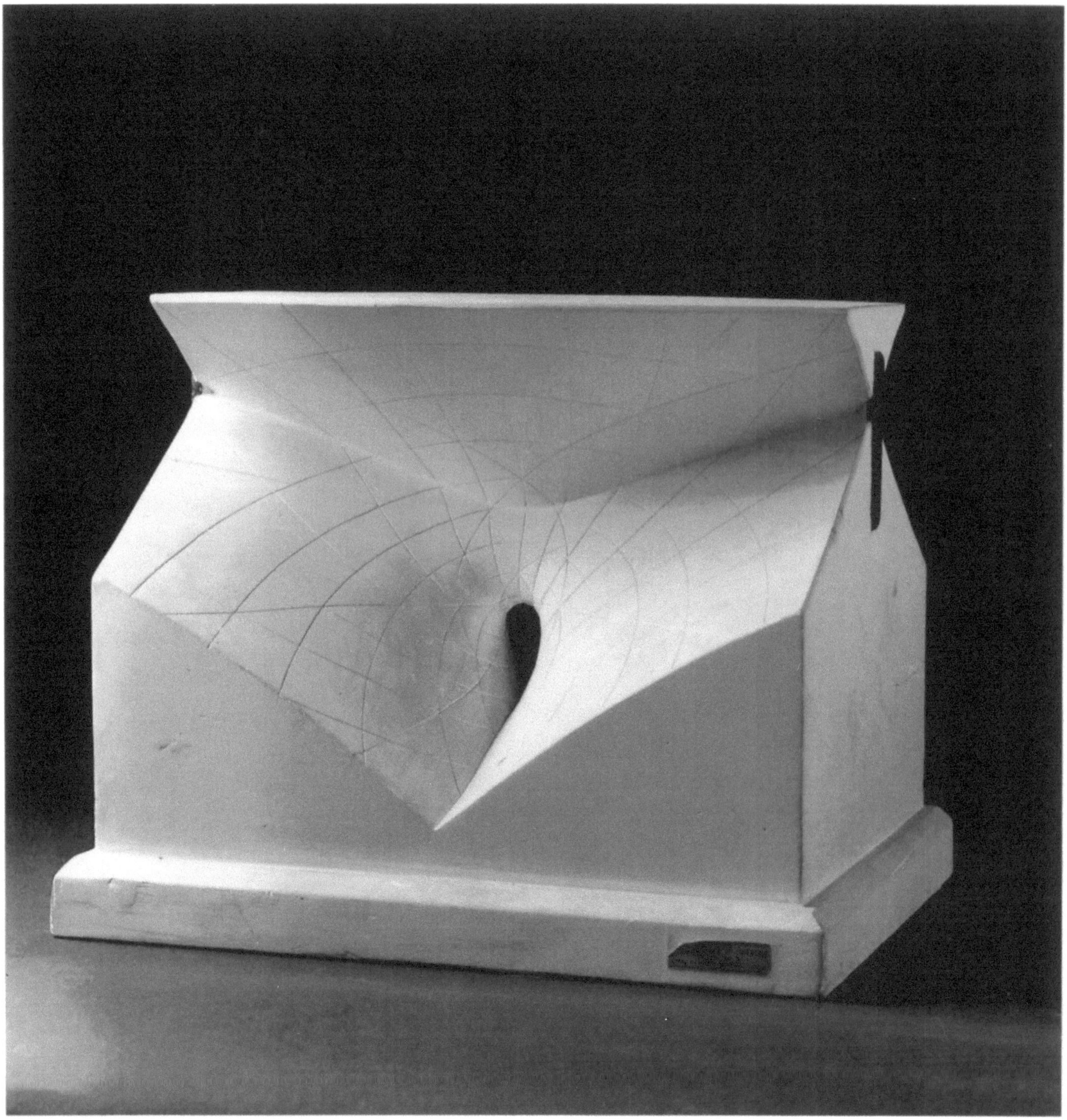

92 Ennepersche Fläche

Enneper's surface

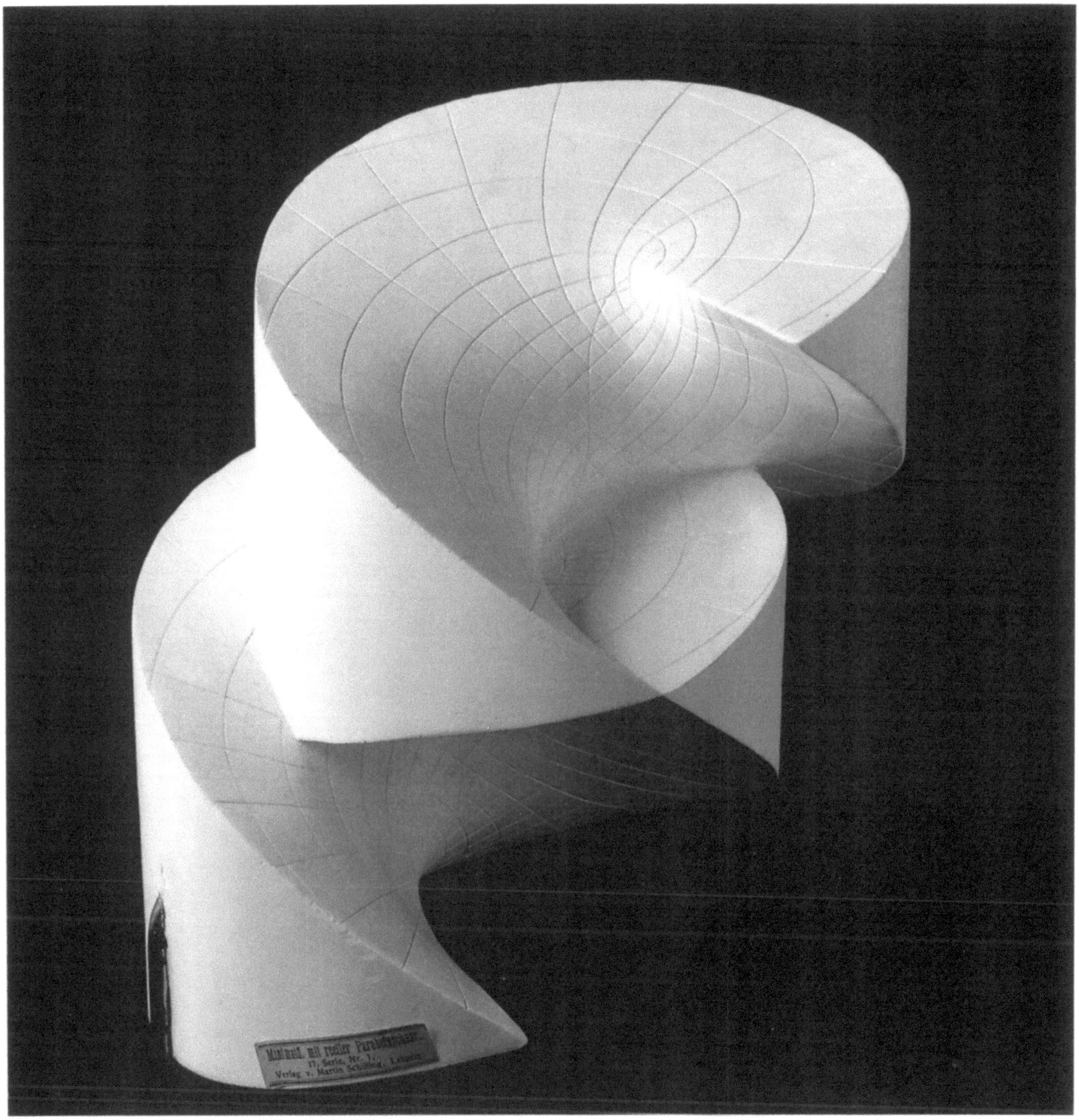

93 Minimalfläche mit einer einparametrigen Familie von Parabeln

Minimal surface with a one-parameter family of parabolas

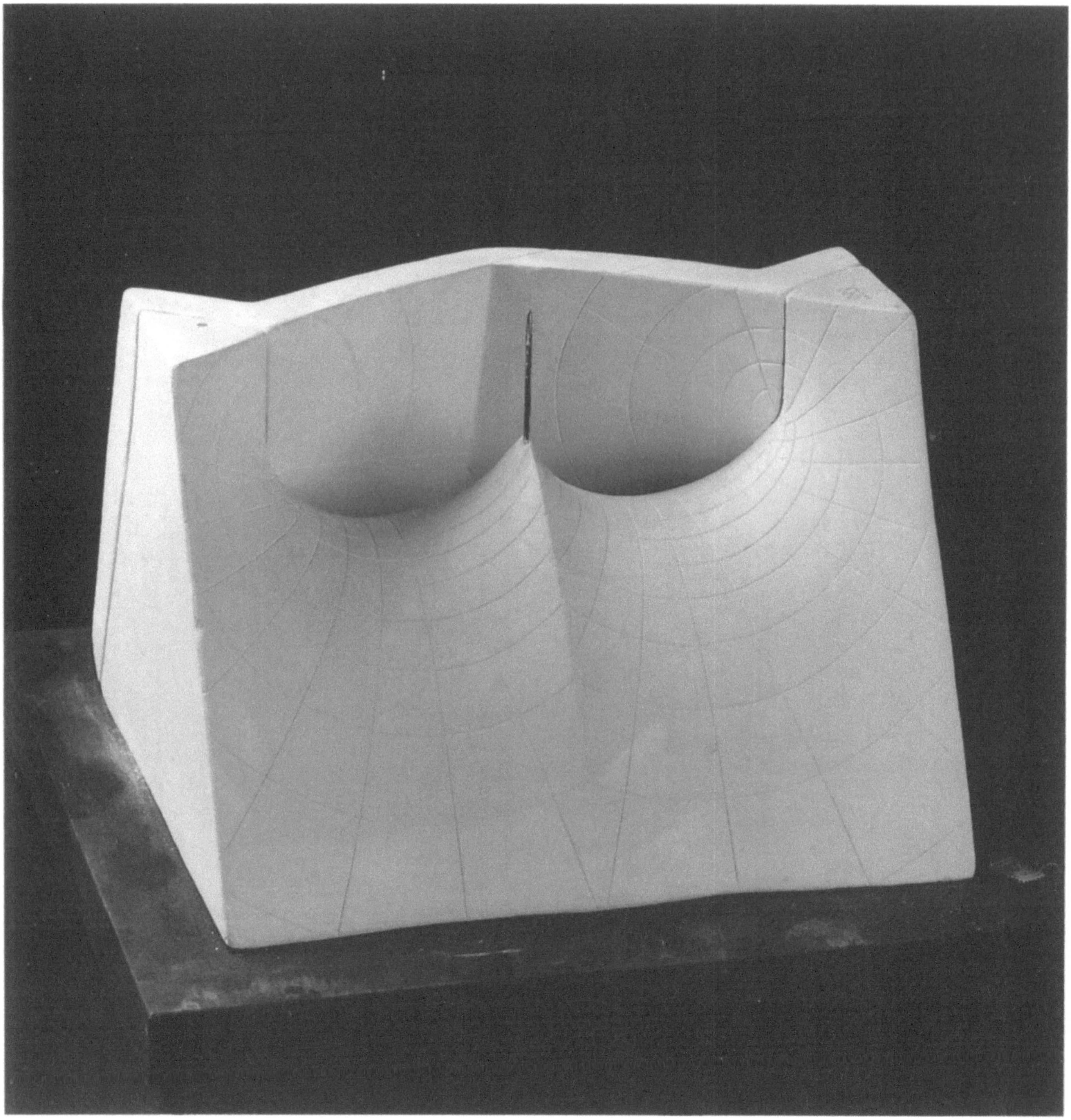

94 Catalansche Fläche

Catalan's surface

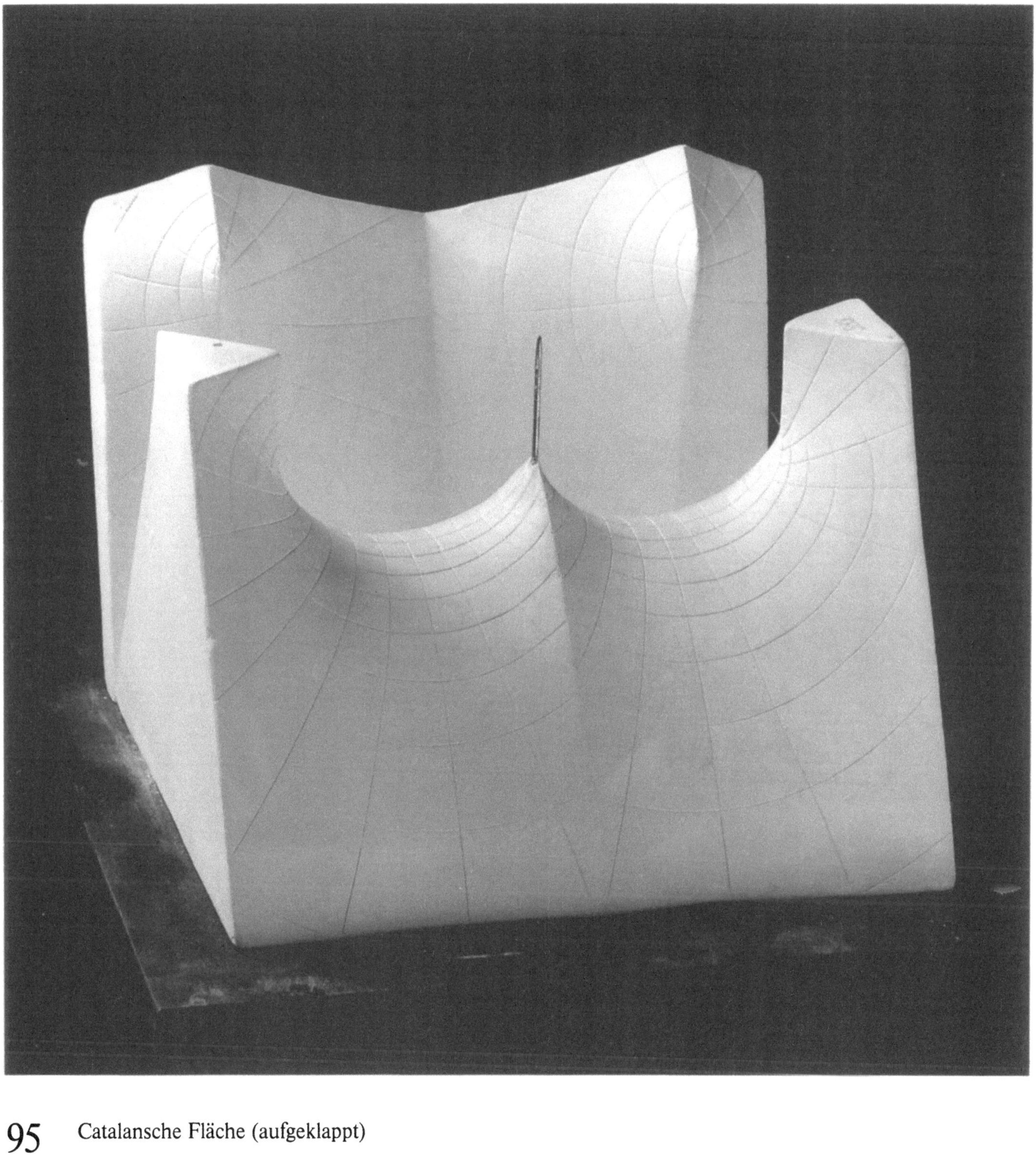

95 Catalansche Fläche (aufgeklappt)

Catalan's surface (opened)

96 Minimalfläche mit einer Lemniskate als Geodätischer

Minimal surface with a lemniscate as a geodesic

97 Onduloid

Onduloid

Kapitel 4
Körper konstanter Breite

Chapter 4
Convex Bodies of Constant Width

In dem Reiche des Mathematischen herrscht
eine eigentümliche Schönheit, welche nicht sowohl mit
der Schönheit der Kunstwerke, als vielmehr mit der Schönheit
der Natur übereinstimmt und welche auf den sinnigen Menschen,
der das Verständnis dafür gewonnen hat, ganz in ähnlicher Weise
einwirkt, wie diese.

ERNST EDUARD KUMMER
Festrede vor der Berliner Akademie am 4.7.1867
Über einige mathematische und philosophische Grundanschauungen Leibnizens
Berliner Monatsberichte 1867, p. 395

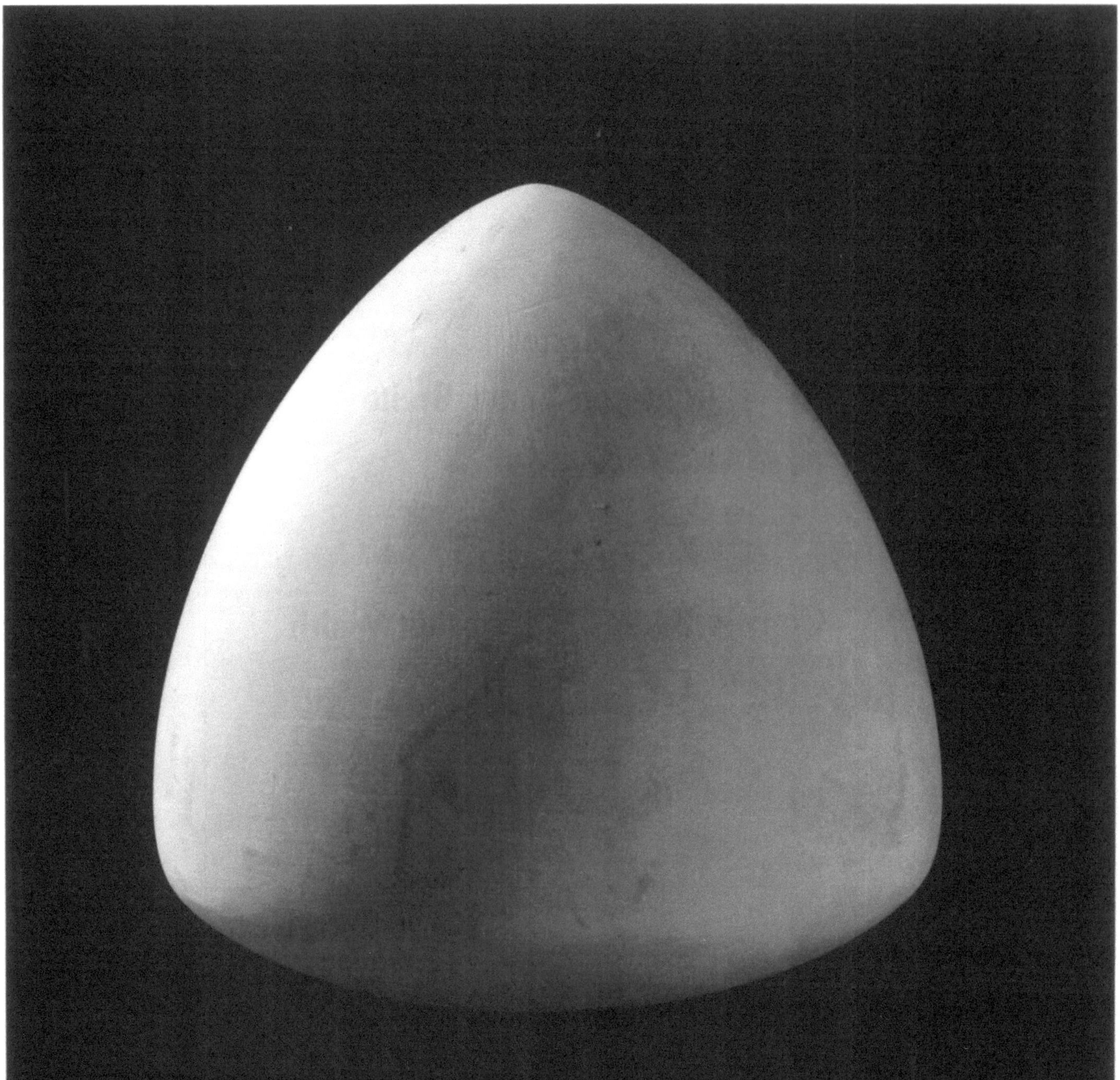

98 Rotationsfläche einer Fundamentalorbiforme

Surface of revolution generated by a fundamental orbiform

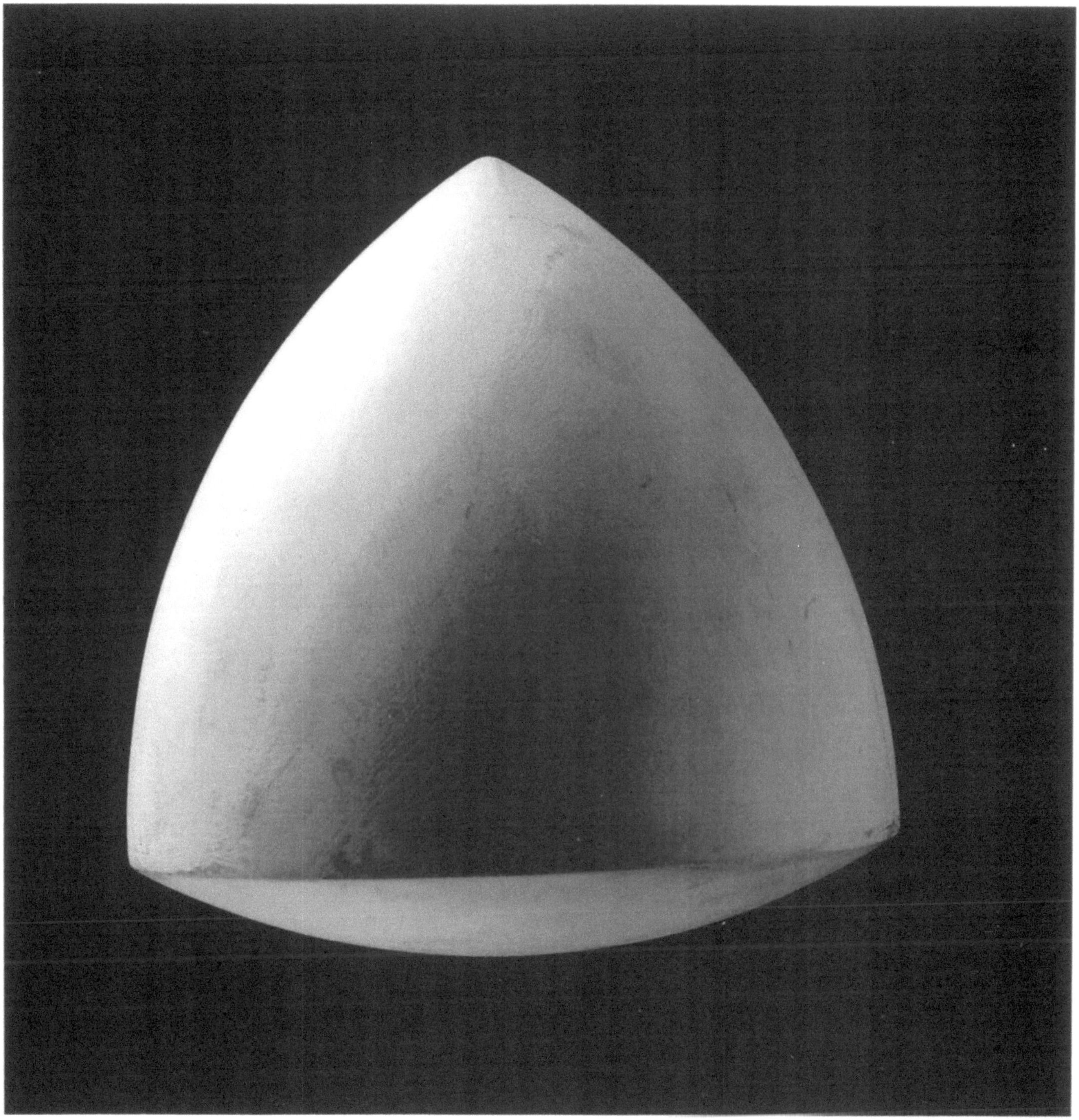

99 Rotationsfläche des Reuleauxschen Dreiecks

Surface of revolution generated by the Reuleaux triangle

100 Fläche konstanter Breite, die keine Rotationsfläche ist (Meissnerscher Körper)

Body of constant width which is not rotationally symmetric (Meissner body)

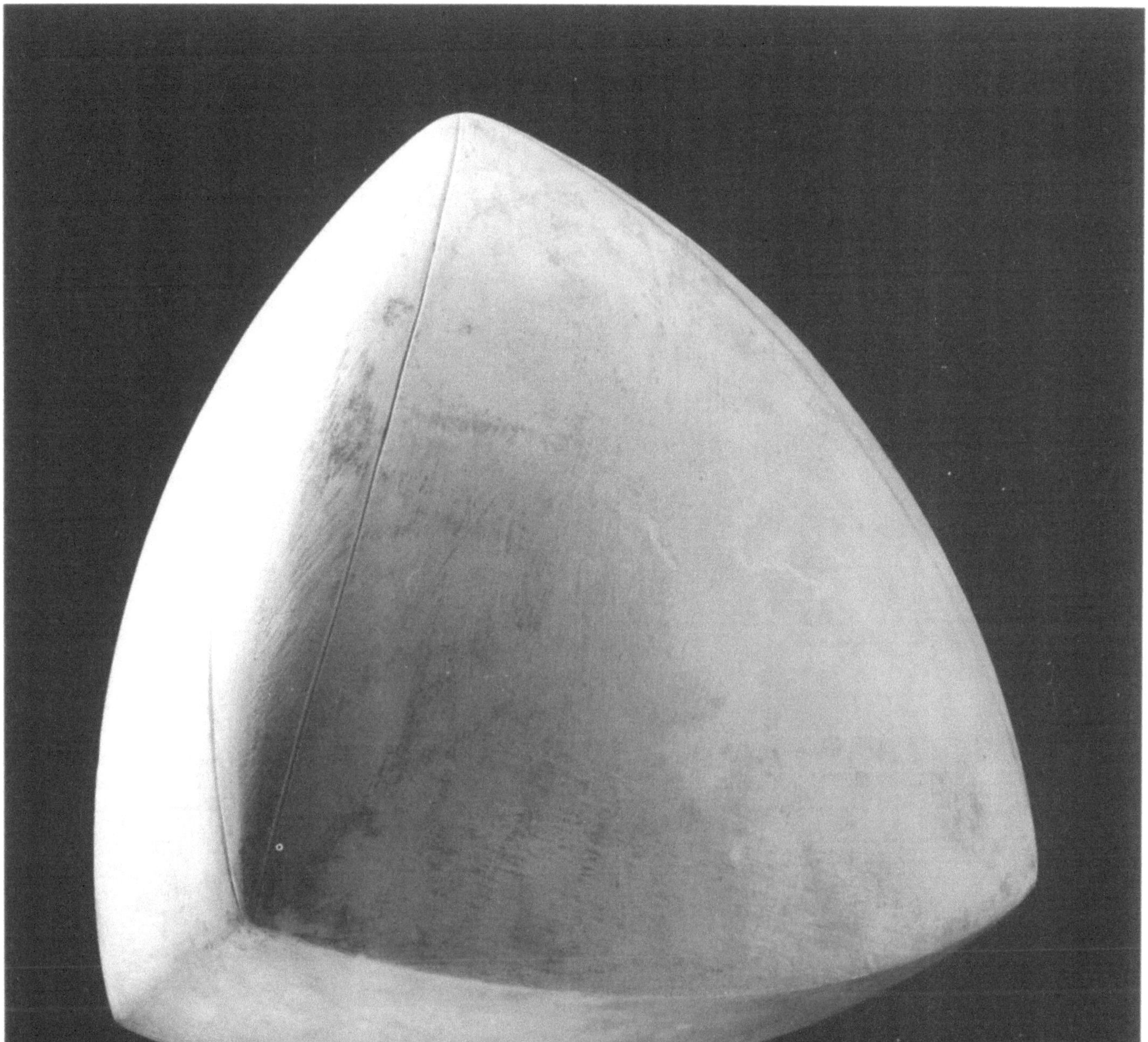

101 Dieselbe Fläche

Same surface

102 Fläche konstanter Breite mit Meßapparat

Body of constant width with gauging instrument

Kapitel 5
Reguläre Sternpolyeder

Chapter 5
Regular Star-Polyhedra

Symmetry, as wide or as narrow as you may define its meaning,
is one idea by which man throughout the ages has tried to comprehend
and create order, beauty, and perfection.

HERMANN WEYL
Symmetry
Princeton University Press, Princeton, 1952

103 Zwölfeckiges Sternzwölfflach (kleines Sterndodekaeder)

Small stellated dodecahedron

104 Zwanzigeckiges Sternzwölfflach (großes Sterndodekaeder)

Great stellated dodecahedron

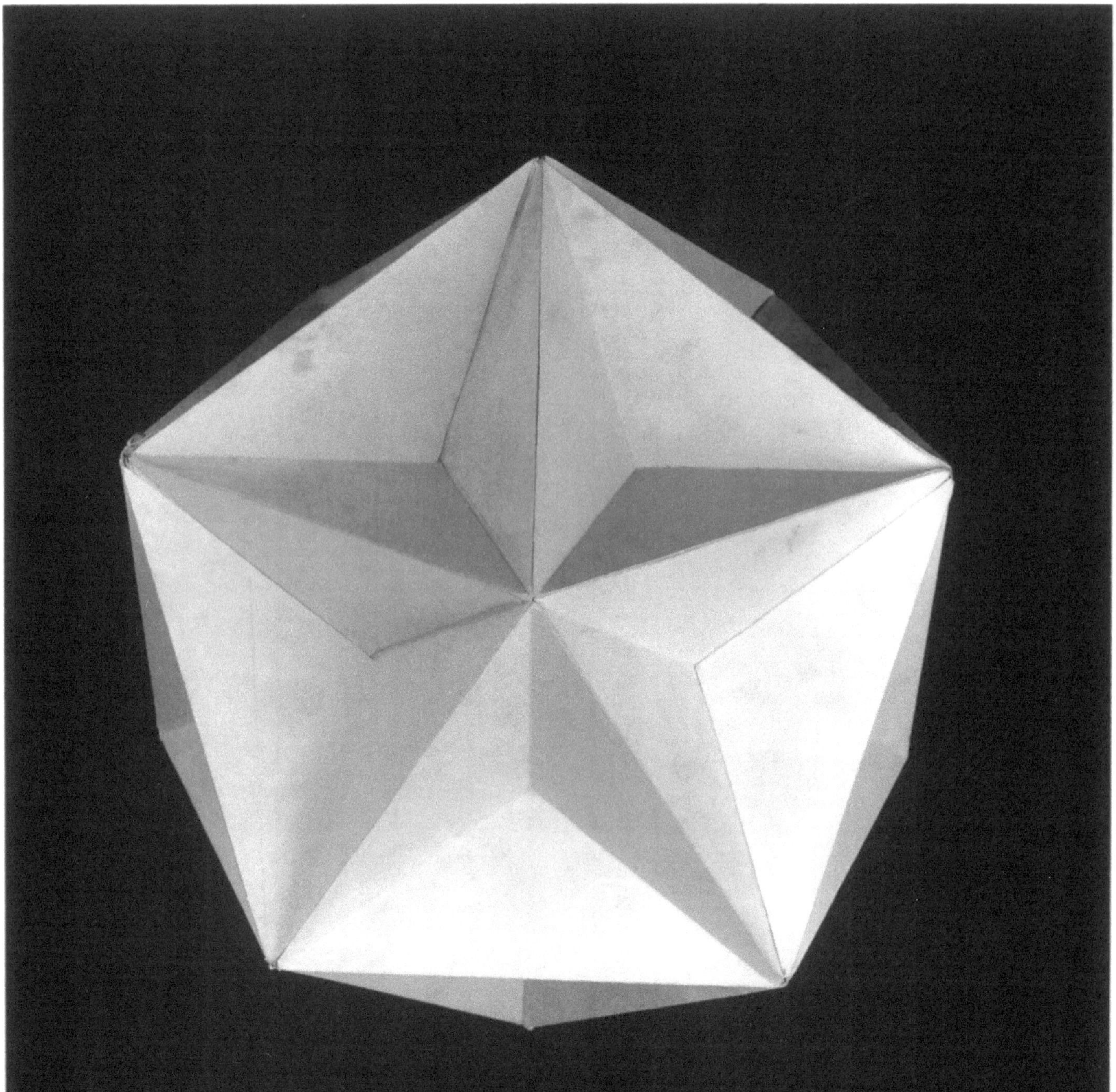

105 Sterneckiges Zwölfflach (großes Dodekaeder)

Great dodecahedron

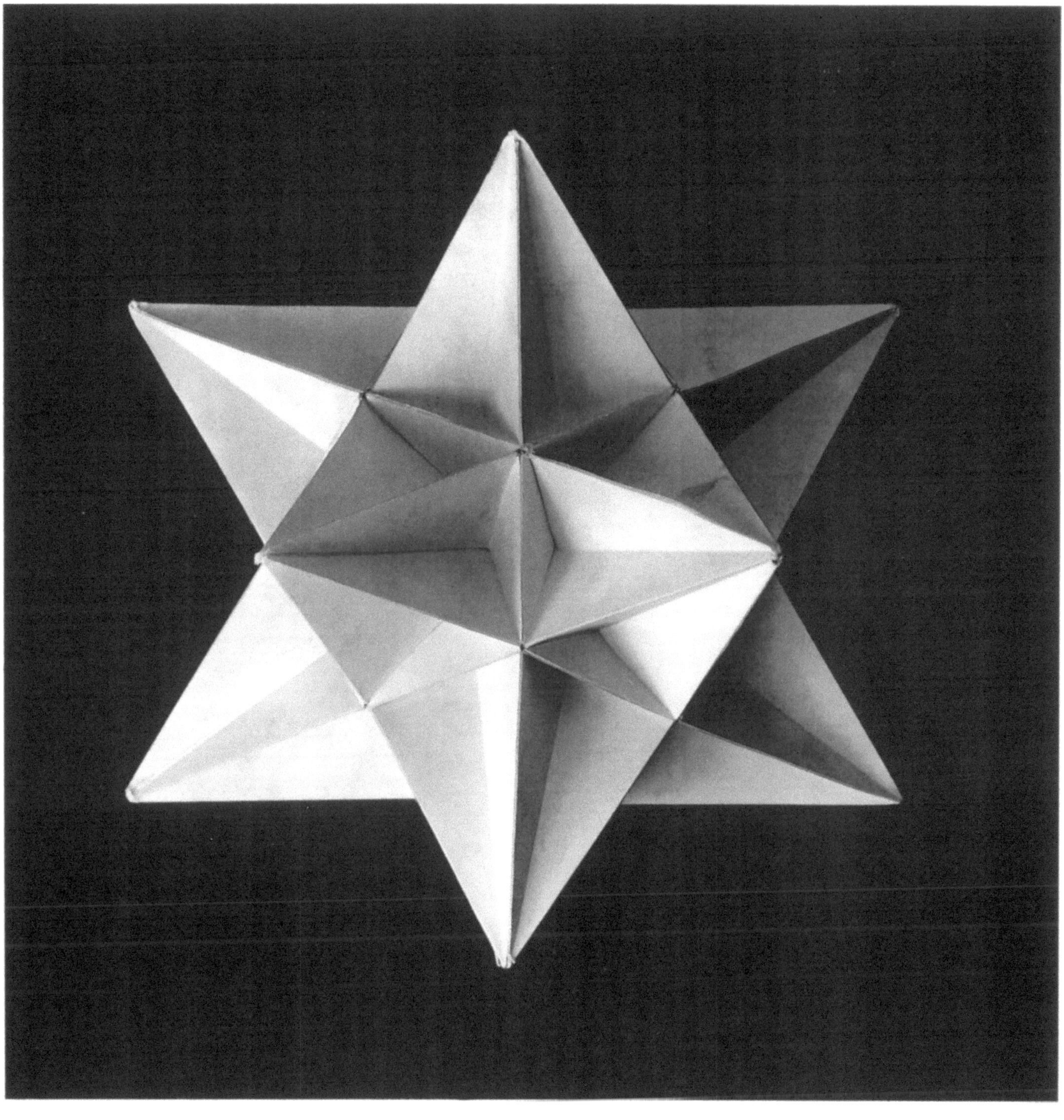

106 Sterneckiges Zwanzigflach (großes Ikosaeder)

Great icosahedron

Kapitel 6
Modelle der reellen projektiven Ebene

Chapter 6
Models of the Real Projective Plane

... Das so geschlossene Möbiusband ist nächst der Kugelfläche
die wichtigste geschlossene Fläche der Mathematik,
die *projektive Ebene*. Man pflegt sie in der projektiven Geometrie
nicht als geschlossenes Möbiusband einzuführen, sondern
durch Schließen der euklidischen Ebene mit
einer uneigentlichen Geraden.

HERBERT SEIFERT und WILLIAM THRELFALL
Lehrbuch der Topologie
Teubner, Leipzig 1934

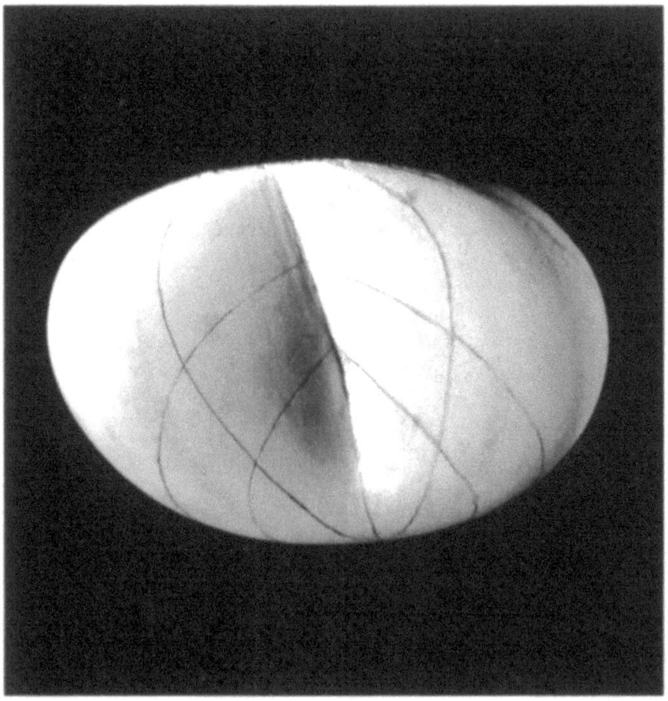

107 Kreuzhaube
Cross cap

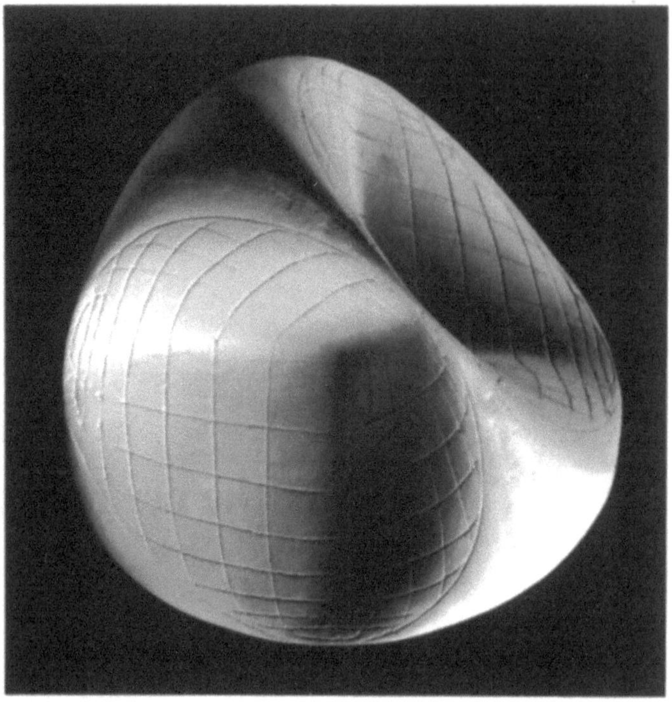

108 Steinersche Römerfläche
Steiner's Roman surface

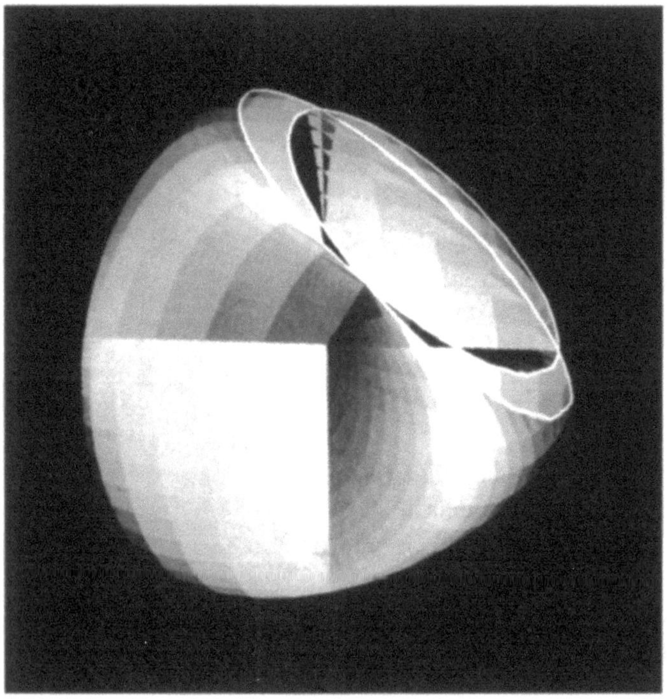

109

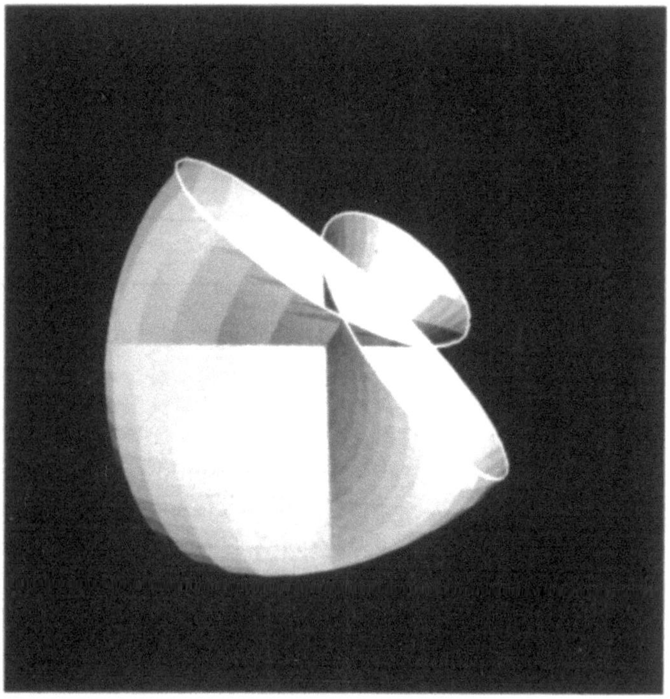

110

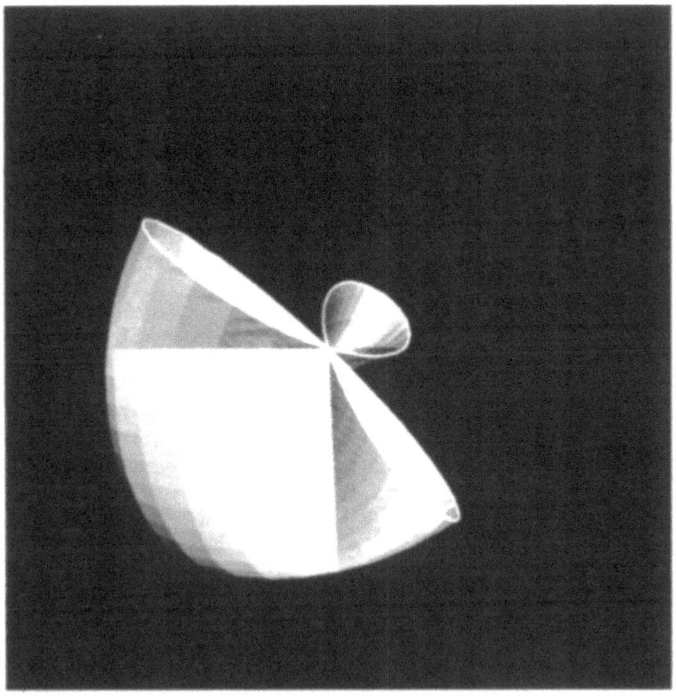

111

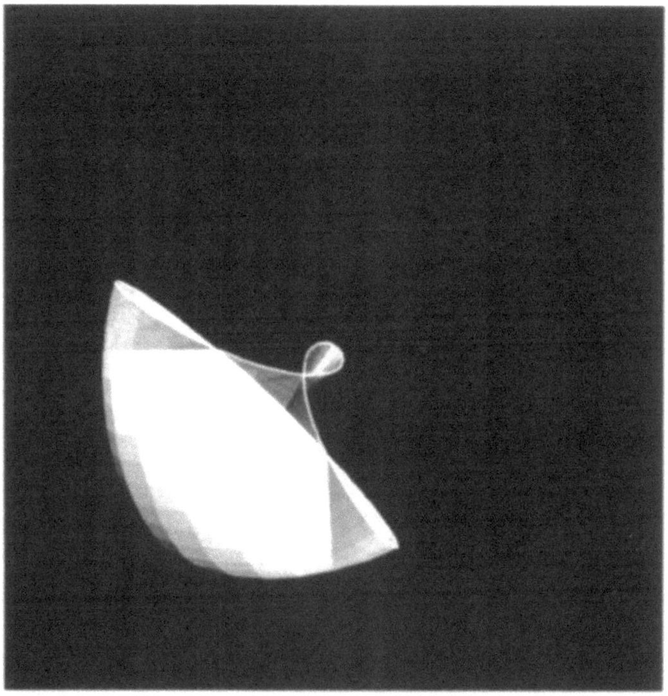

112

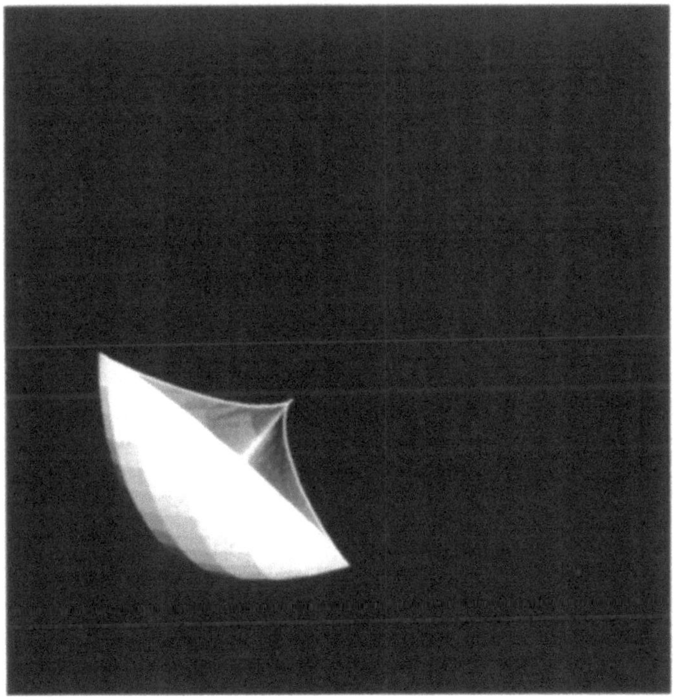

113

114

109–114 Schnitte der Römerfläche
Sections of the Roman surface

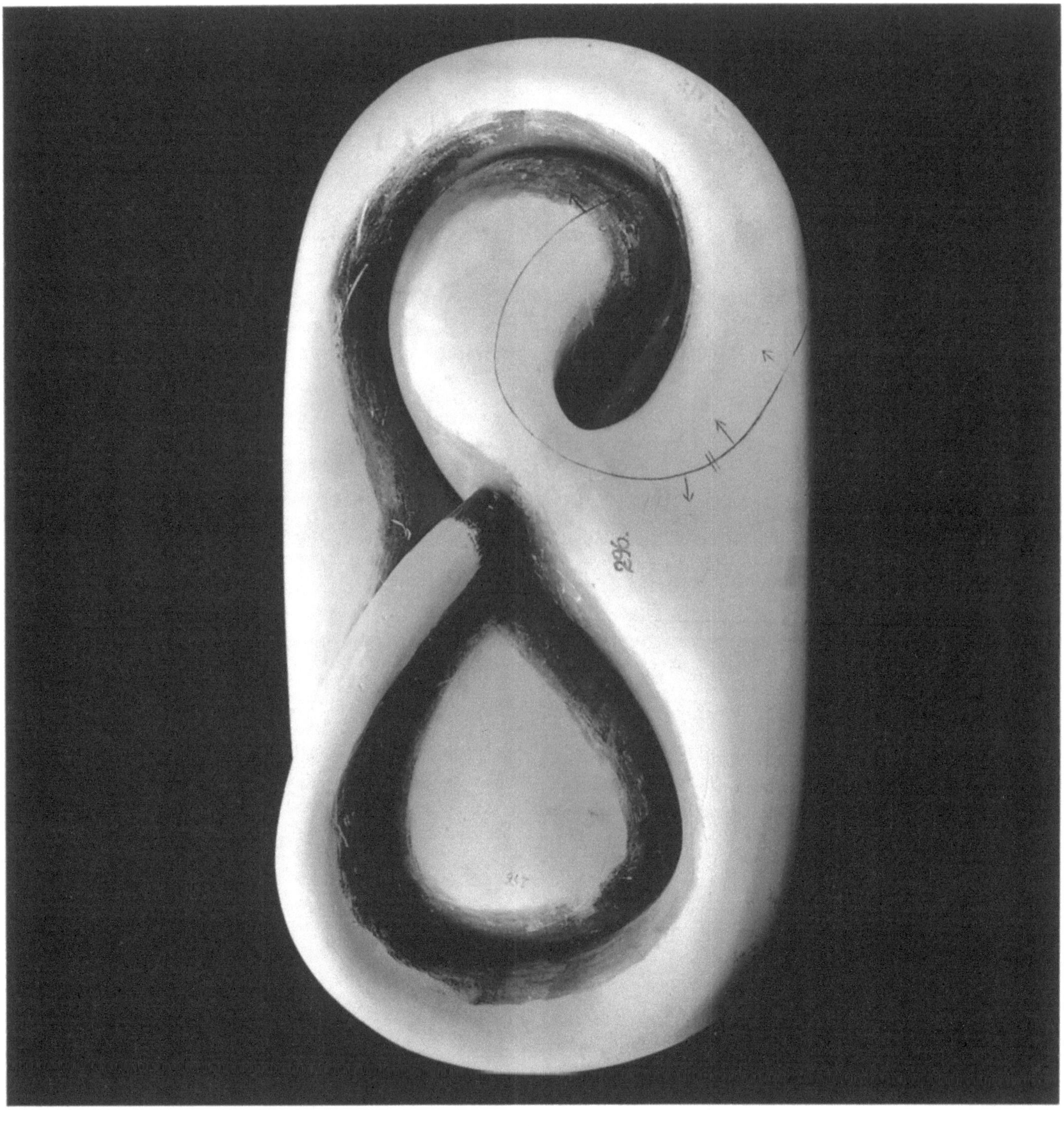

115 Boysche Fläche, erste Version, Vorderseite

Boy's surface, first version, front side

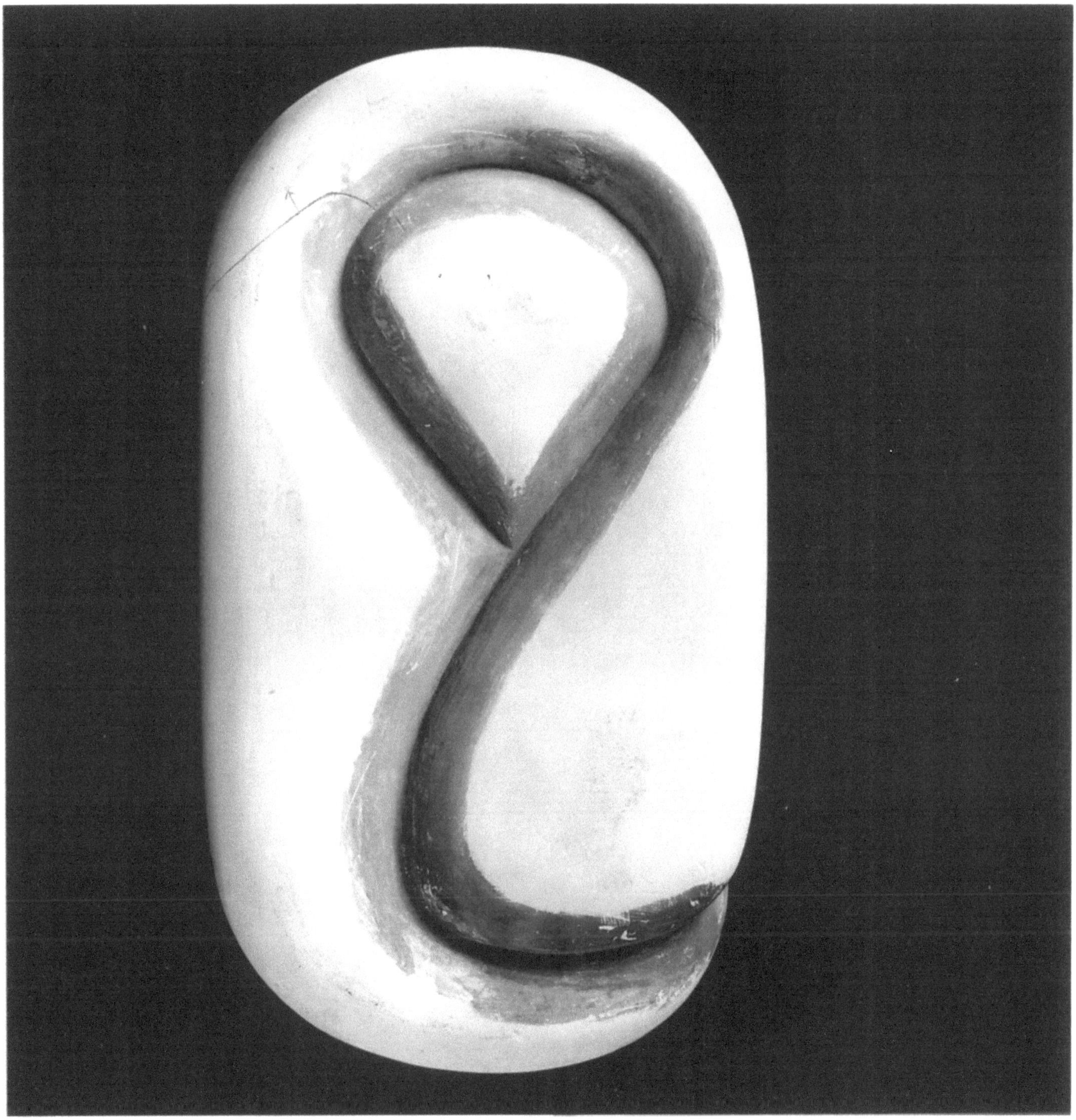

116 Boysche Fläche, erste Version, Rückseite

Boy's surface, first version, back side

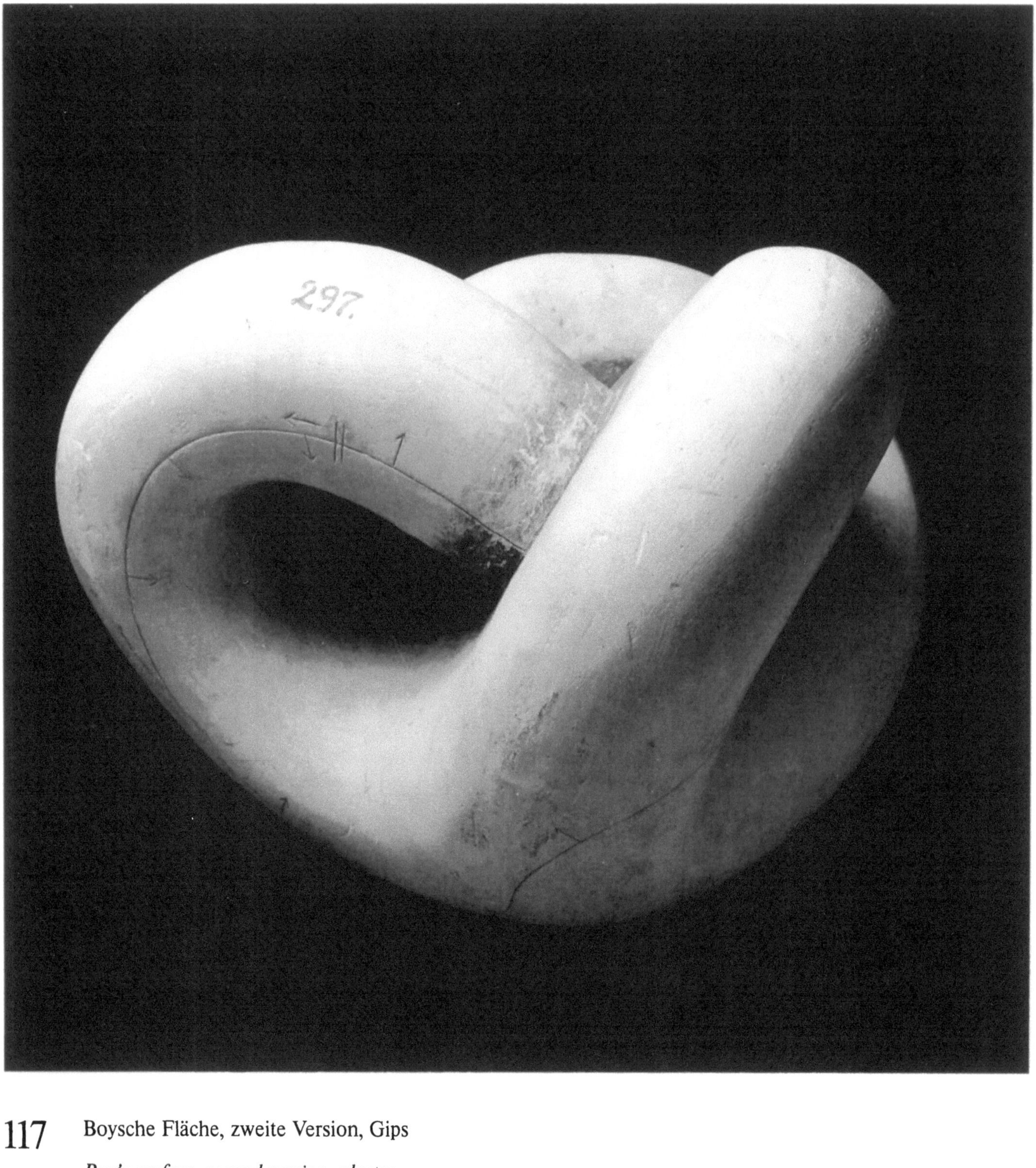

117 Boysche Fläche, zweite Version, Gips

Boy's surface, second version, plaster

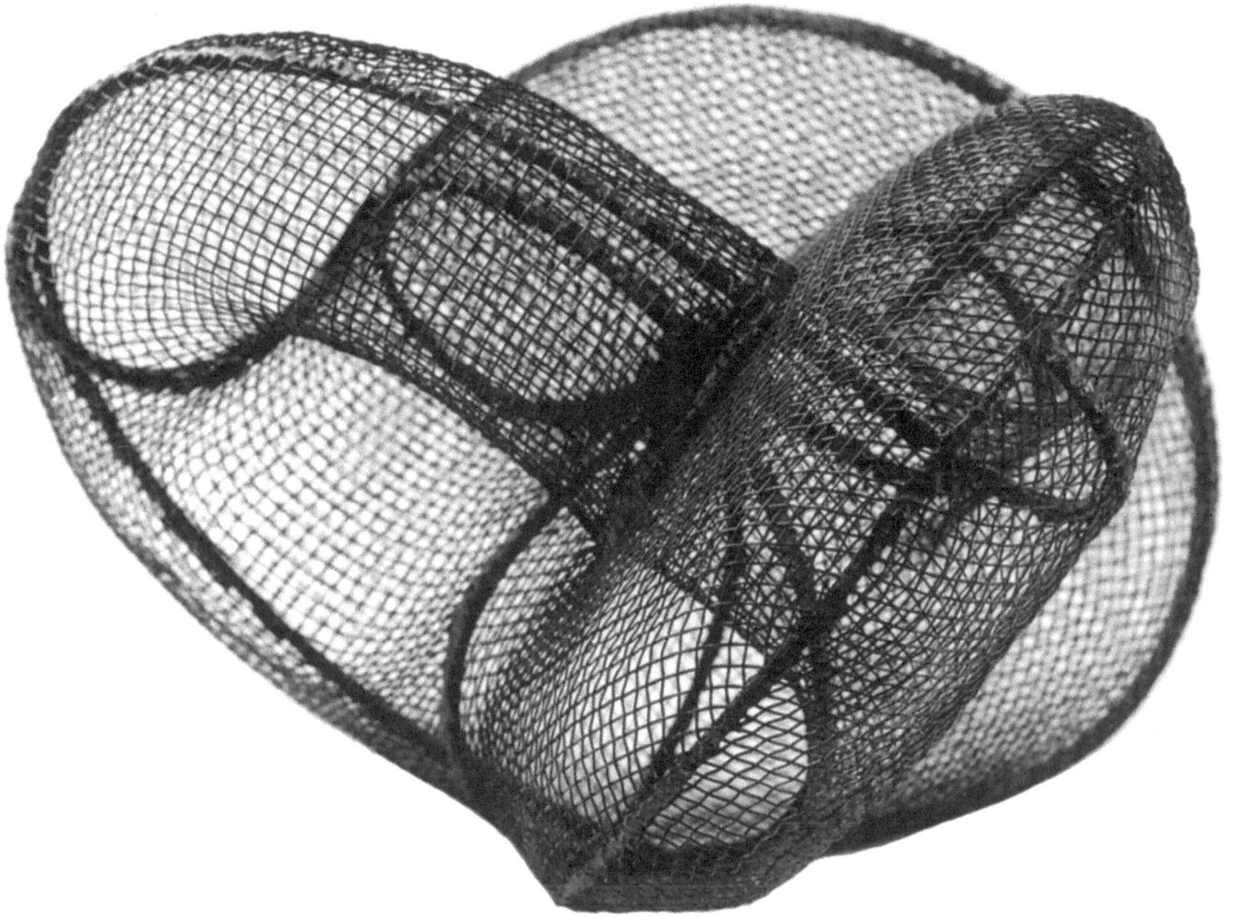

118 Boysche Fläche, zweite Version, Draht

Boy's surface, second version, wire

119 Boysche Fläche, zweite Version, Gips, wie 117

Boy's surface, second version, plaster, as 117

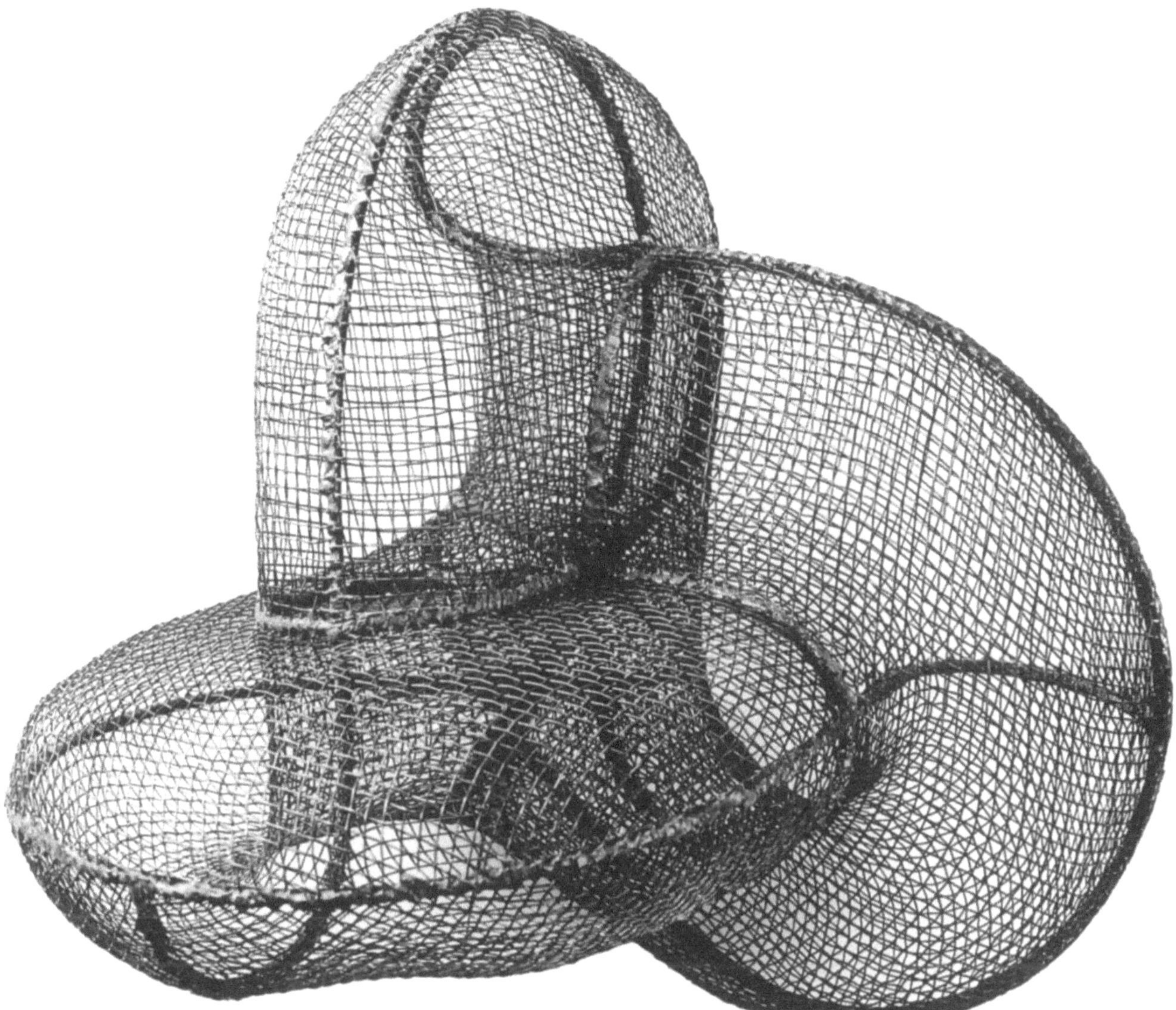

120 Boysche Fläche, zweite Version, Draht, wie 118

Boy's surface, second version, wire, as 118

Kapitel 7
Funktionen

Chapter 7
Functions

Wendet man die durch Grössenoperationen
ausgedrückten Abhängigkeitsgesetze zwischen
veränderlichen Grössen in einem erweiterten Umfange an,
indem man den veränderlichen Grössen, auf welche
sie sich beziehen, complexe Werthe giebt,
so tritt eine sonst versteckt bleibende Harmonie
und Regelmäßigkeit hervor.

BERNHARD RIEMANN
Grundlagen für eine allgemeine Theorie der Funktionen
einer veränderlichen complexen Grösse
Inanguraldissertation, Göttingen 1851

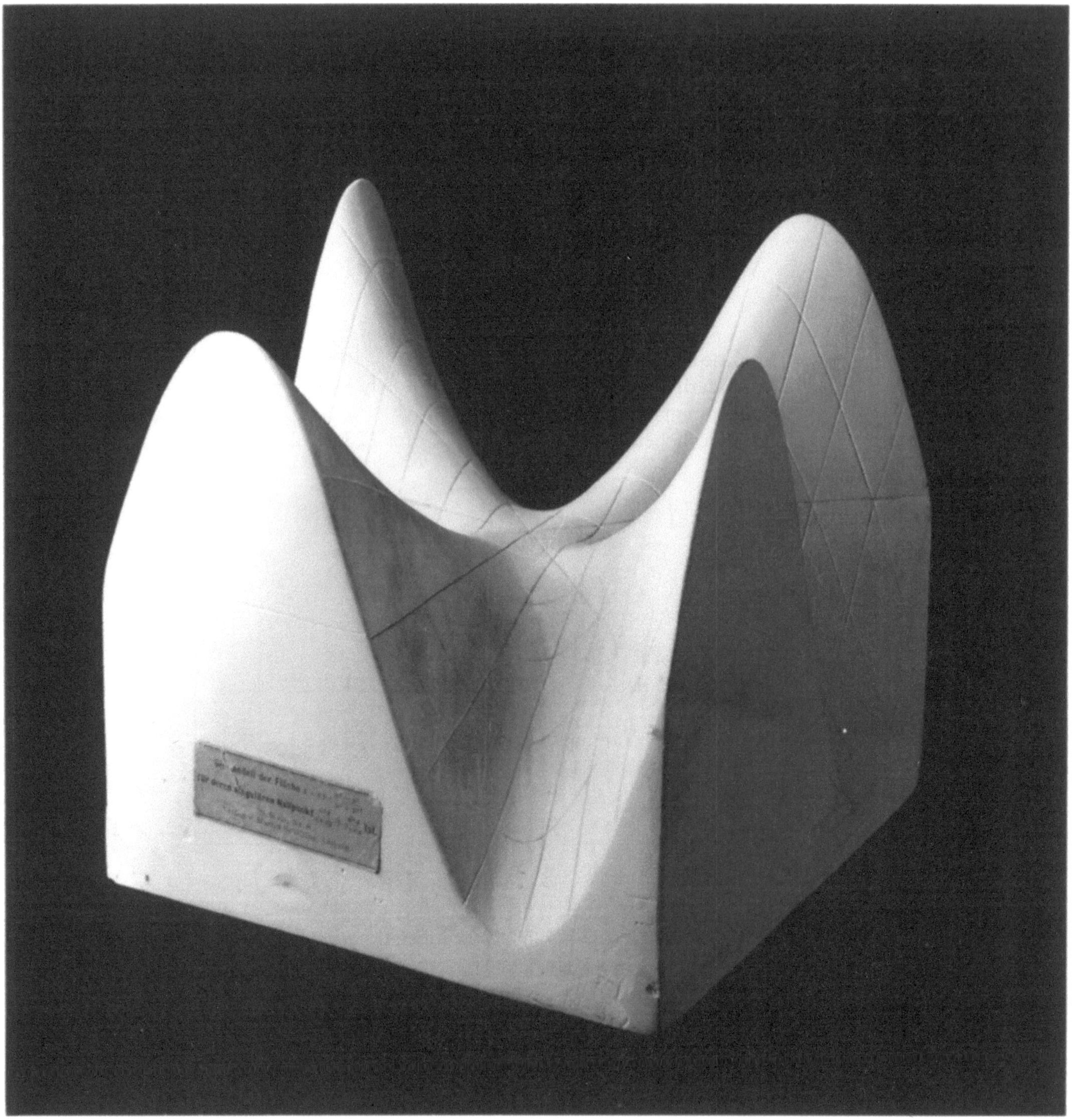

121 Fläche mit $\partial^2 z/\partial x \partial y \neq \partial^2 z/\partial y \partial x$

Surface with $\partial^2 z/\partial x \partial y \neq \partial^2 z/\partial y \partial x$

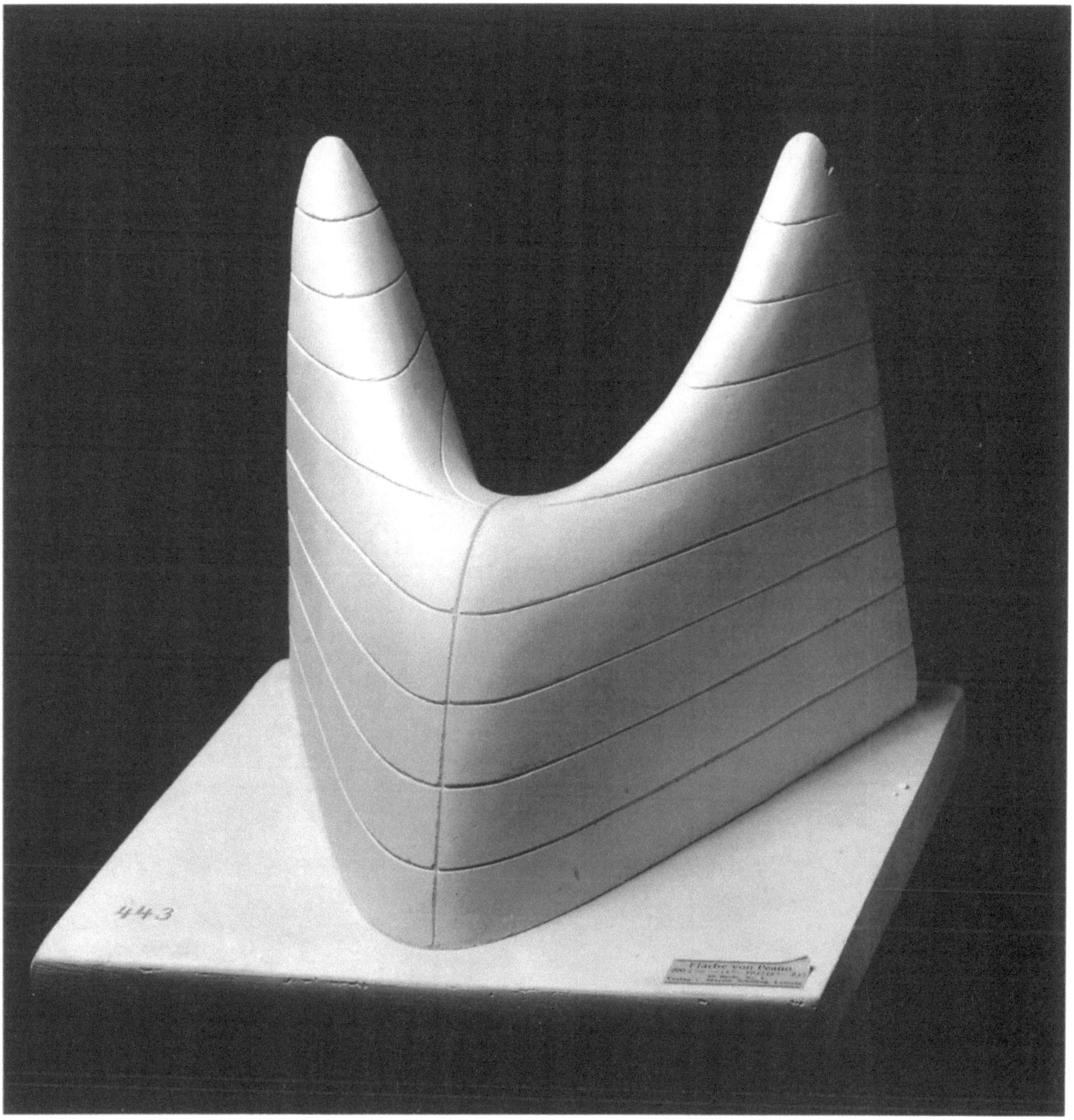

122 Peanosche Fläche

Peano's surface

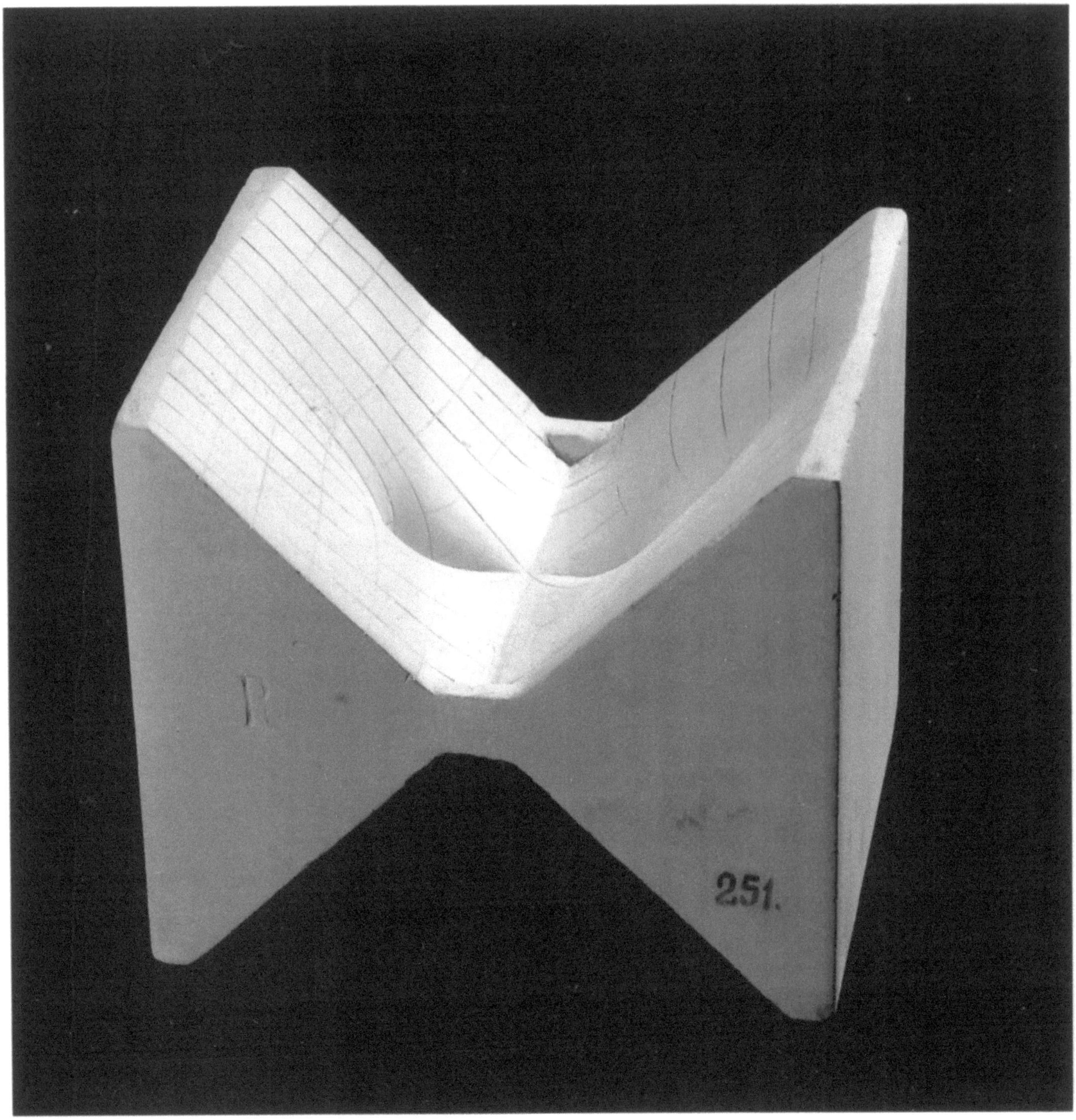

123 Riemannsche Fläche $w^2 = z^2 - 1$, Realteil

Riemann surface $w^2 = z^2 - 1$, *real part*

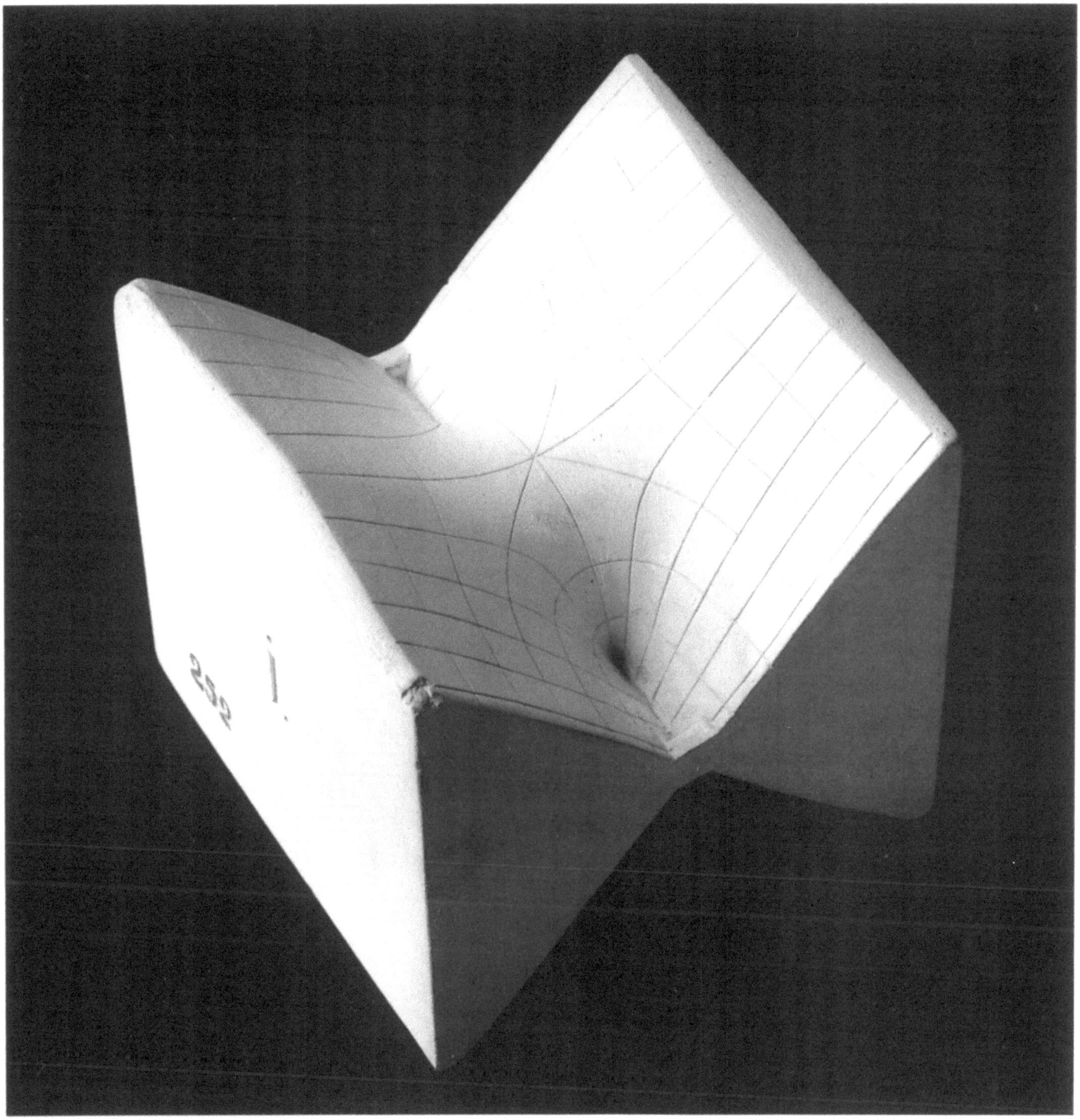

124 Dieselbe Fläche, Imaginärteil

Same surface, imaginary part

125 Riemannsche Fläche $w^4 = 1 - z^2$

Riemann surface $w^4 = 1 - z^2$

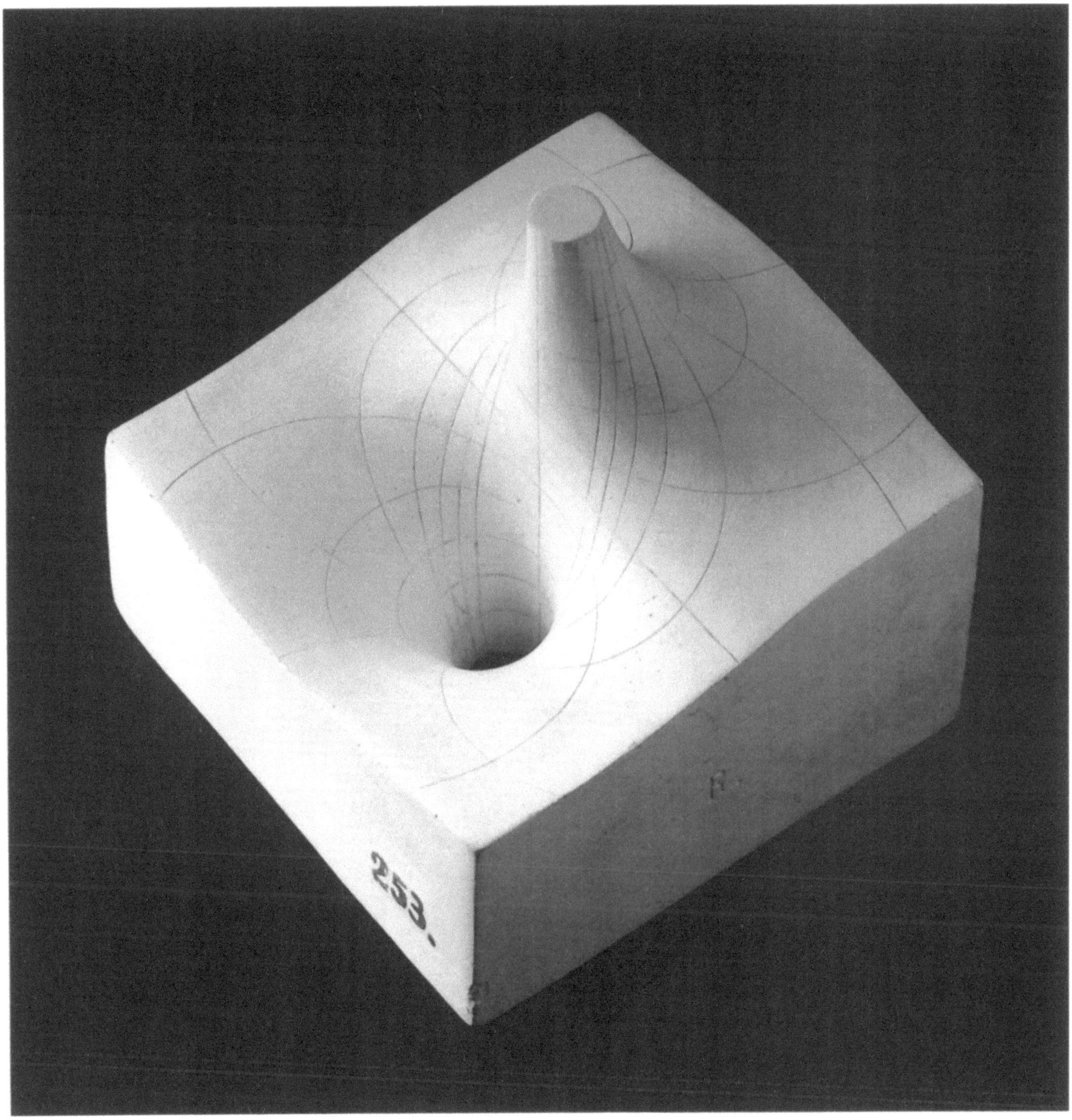

126 Graph von $w = 1/z$

Graph of $w = 1/z$

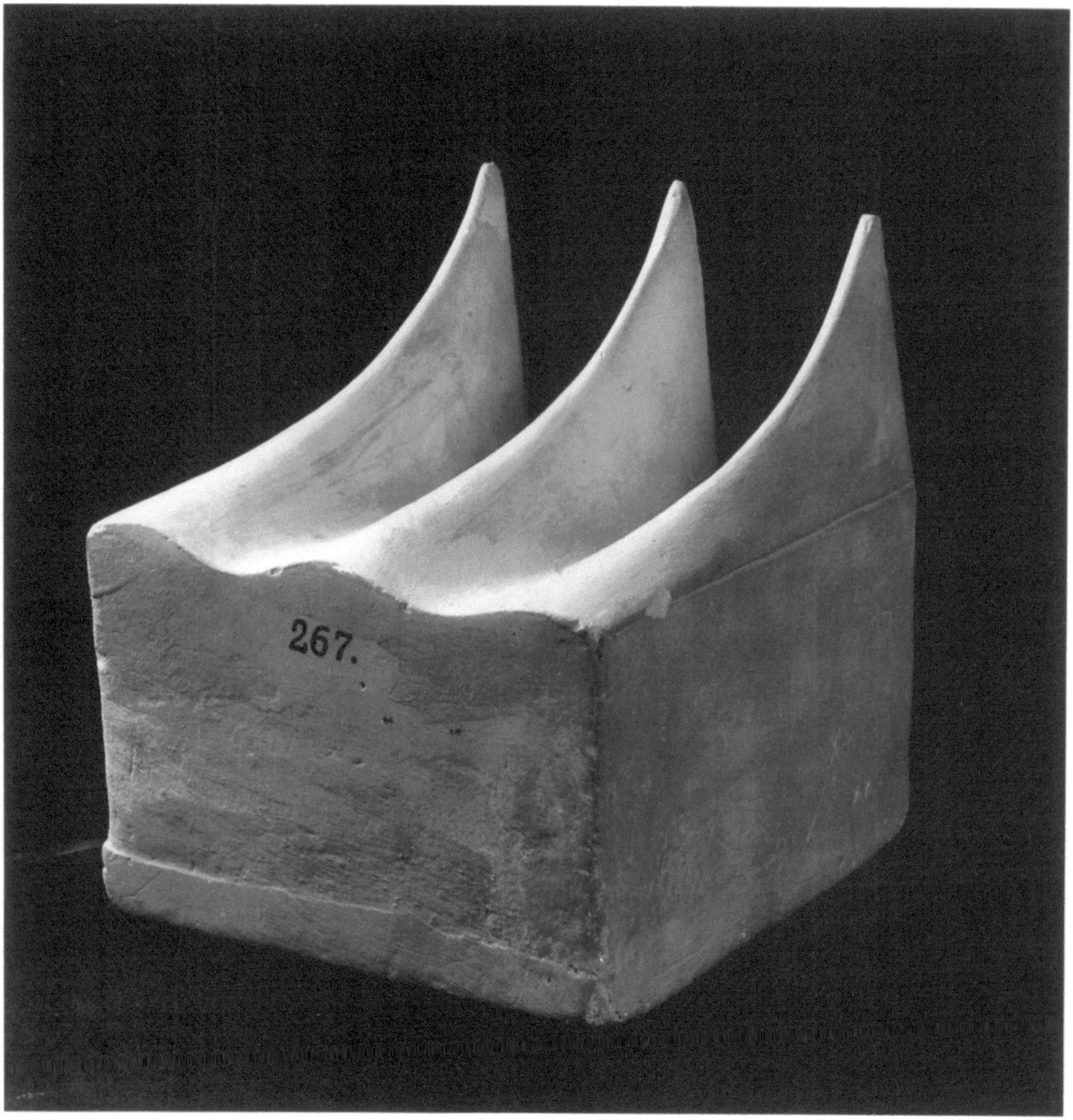

127 Graph von $w = e^z$

Graph of $w = e^z$

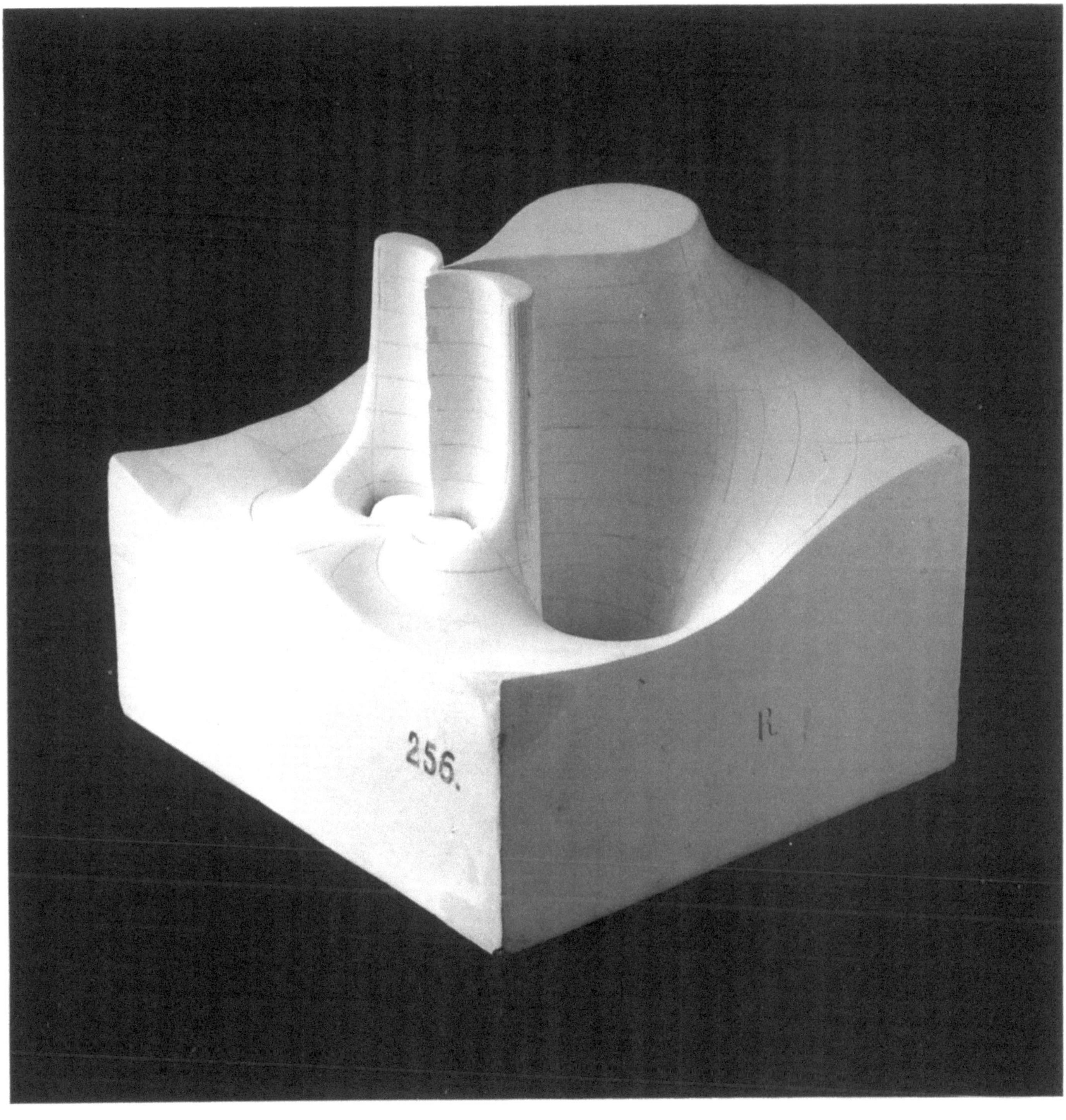

128 Graph von $6w = e^{1/6z}$

Graph of $6w = e^{1/6z}$

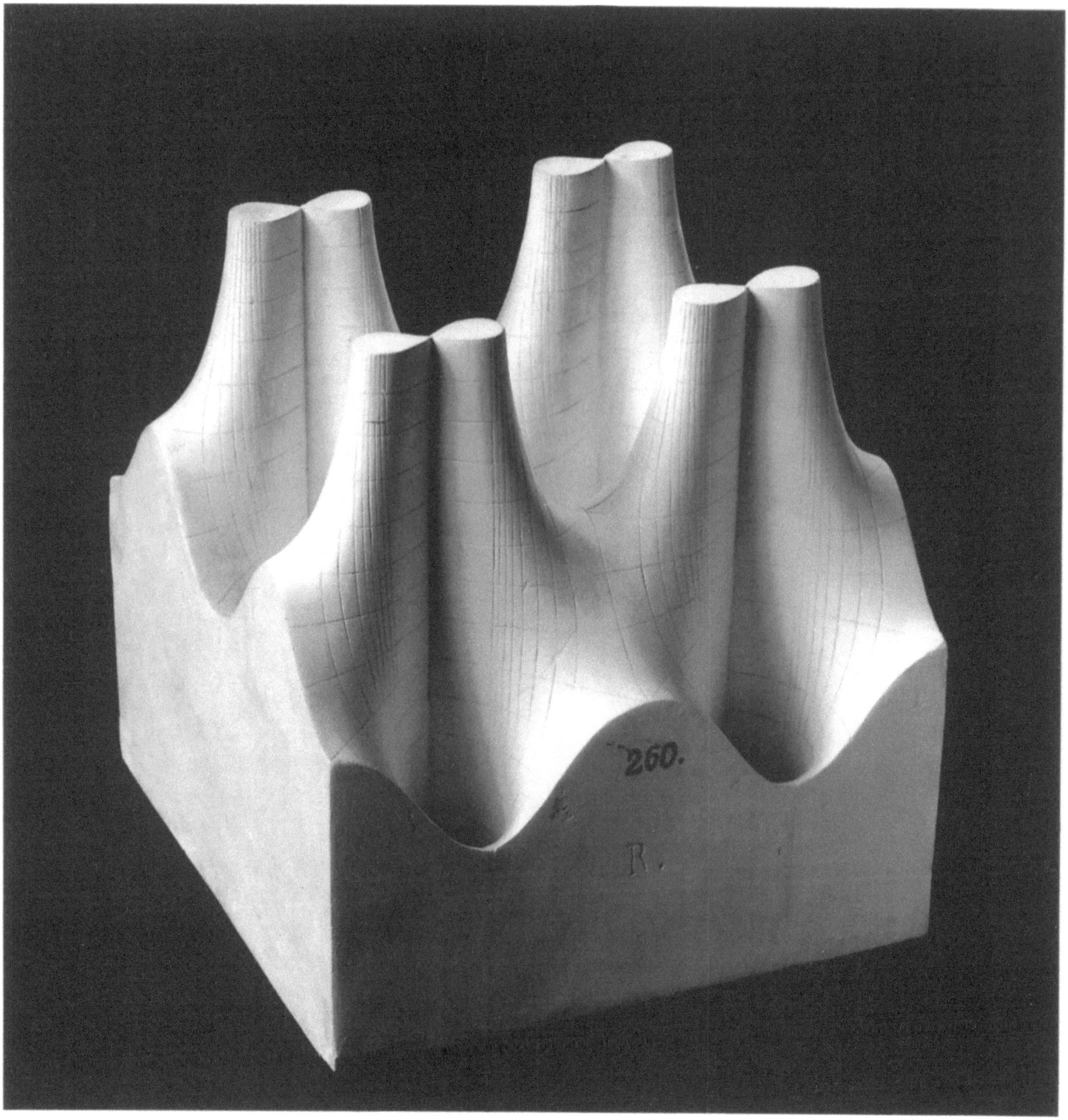

129 Weierstraßsche $\wp$-Funktion, Realteil

Weierstrass $\wp$-function, real part

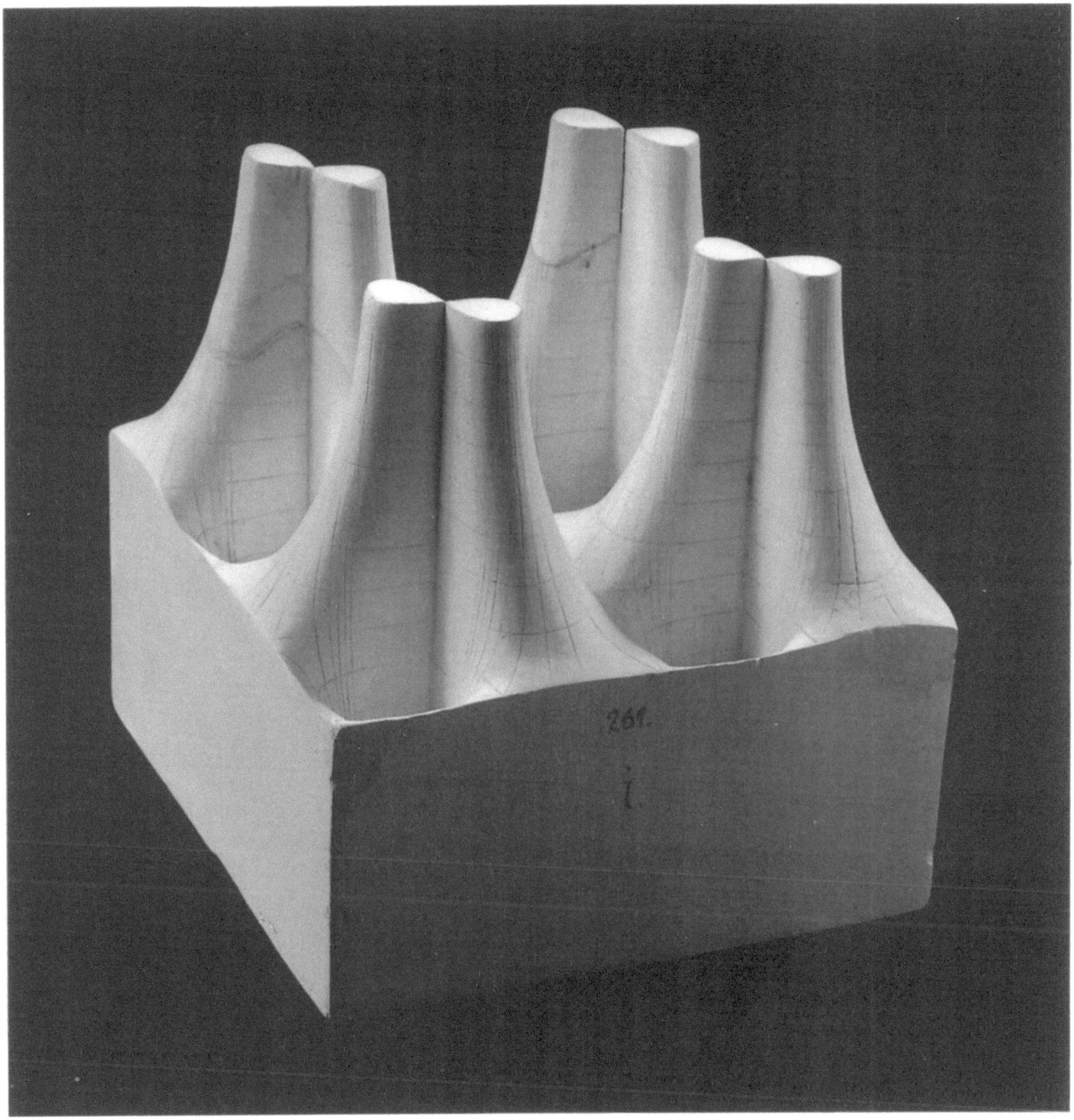

130 Dieselbe Funktion, Imaginärteil

Same function, imaginary part

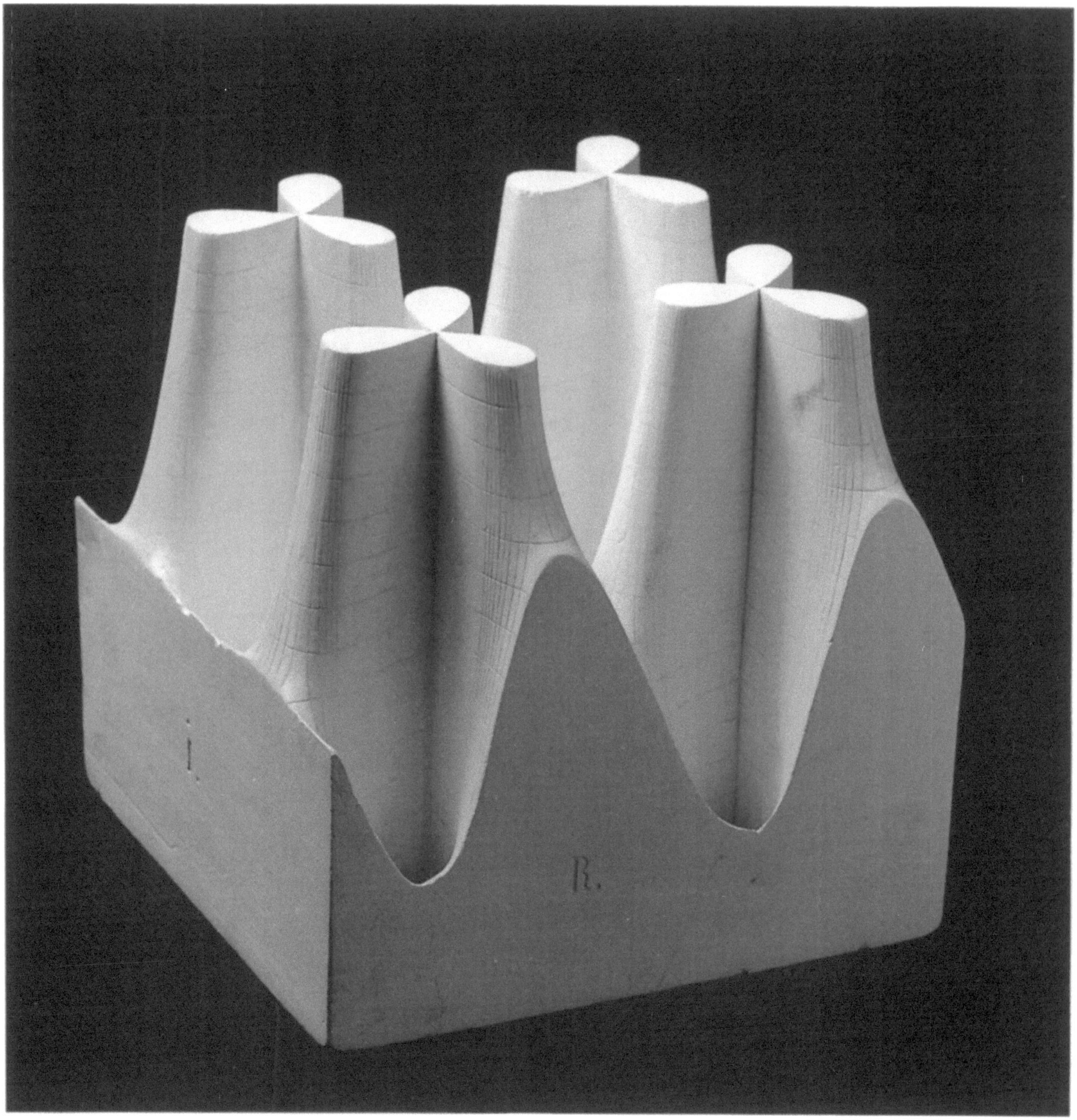

131 Weierstraßsche $\wp'$-Funktion

Weierstrass $\wp'$-function

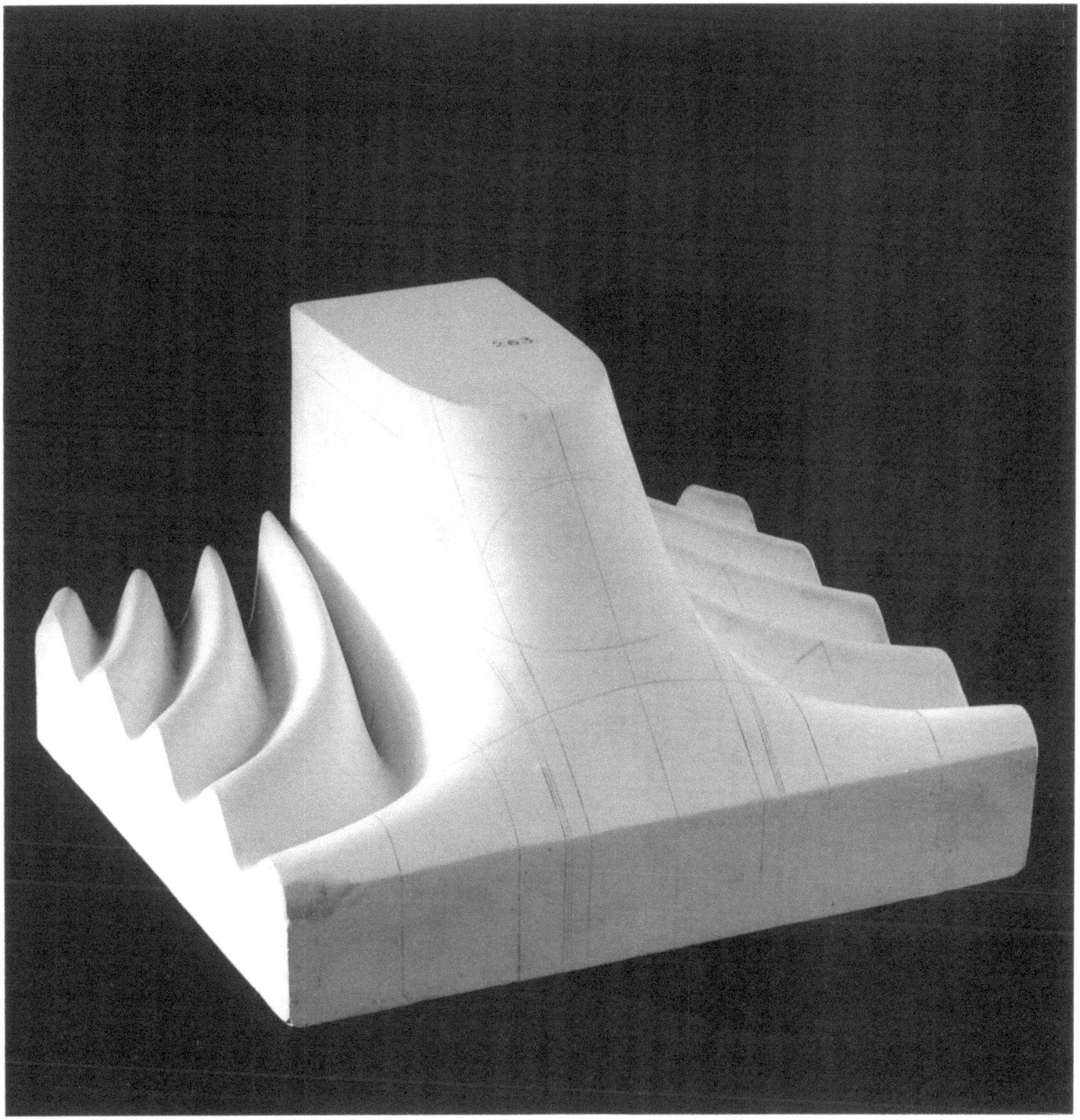

132 Jacobische Amplitude

The Jacobi amplitude